养花那点事儿

居家培育球根植物及装饰技巧

球根花卉栽培与装饰技巧

[日] 竹田薰 著

张 永 译

Bulbous Plants

机械工业出版社
CHINA MACHINE PRESS

前　言

春季开花的郁金香、风信子、
番红花、朱顶红、大丽花，都是常见的球根植物，
它们的花朵争奇斗艳。
还有一些原产于南非的球根植物，
它们的外形奇特，不仅花朵精巧可爱，叶子也独具魅
力，并且色彩艳丽，同样拥有高人气。
可见，球根植物的种类丰富多彩。

球根中储存了足够的养分，
用来发芽、开花。

因此，可使用水培的方式种植球根植物，
每天不用浇水，
只需把球根植物放在适宜的环境中，
它就能绽放美丽的花朵。
最喜欢"简单""便捷"二词的我，
自然对球根植物情有独钟。

在室内水培种植的时候，
可灵活使用各类辅助材料，
自由发挥想象力，尝试自己独创的栽培方法，
或者把球根种植在花盆里，摆放在阳台、庭院之中。
易于种植、管理的球根植物，一直陪伴在我的左右。

球根是个小小的"储藏库"，
其中存储了生存的智慧，
存储了故乡的记忆。
您何不在身边也养育一株球根植物，
近距离感受植物的智慧。

Kaoru Takeda
竹田薰

目 录
Contents

第2章

浓浓的季节感
球根植物的种植、装饰实例 … 44

秋植型球根植物（来年春季开花）… 45

本书的阅读方法·使用方法

本书的第 1 章，主要介绍用水培的方法种植球根植物，还介绍了水培种植时需要用到的一些便利的辅助材料。第 2 章介绍了许多易于种植、外形美观的球根植物，并且列举了许多实际的种植例子，还进行了详细解说。介绍种植例子时，尽量使用简单易懂的语言解说了操作步骤。种植时使用的辅助材料、工具，在本书的 P22~25 进行了详细的介绍。

在第 2 章，为了便于您阅读，将所介绍的球根植物分为：秋季种植（来年春季开花）的球根植物、春季种植（夏季开花）的球根植物、夏季种植（秋季开花）的球根植物。

本书在介绍球根植物时，列出了该球根的主要特征、种植技巧、一年中的生长周期等信息。

第 1 章

自由自在地
种植心仪的球根植物

让球根植物成为自己的伙伴，融入生活中的关键是，
了解球根植物的特性、生长特点、喜爱的环境。
接下来将介绍浇水的方法、放置花盆的场所、便利的辅助工具等，
让您在家中，自由自在地种植自己心仪的球根植物。

花朵形状、叶子形状各不相同的球根植物，全部采用水培种植的方法，将它们排成一列。其中，朱顶红、葡萄风信子已经开花。而剩下的郁金香、香雪兰、水仙、蓝铃花，才刚刚长出花蕾。接下来，它们将相继绽放，这个过程值得期待、值得欣赏。

在室内水培种植球根植物

采用水培的方式种植球根植物，非常轻松、便利，还可以在室内近距离观察植物的生长过程。由于无须用到土壤，可随意将水培容器摆在客厅、厨房等处。

经常采用水培方式种植的球根植物就是番红花和风信子，但您也可以尝试将郁金香、水仙等球根植物用这种方式种植。

有不少水培专用的玻璃容器可供选择。此外，容器内还可以填充水苔、水培陶粒等材料。如此一来，精美的玻璃容器搭配精美的材料，水培的球根植物便成了精美的室内装饰。

新手最好选用透明的容器，方便观察水量。球根长出须根之前，让水面接触到球根的底部即可，并将容器放在室外阴暗处或箱子中等场所。长出须根之后，减少水量，让水面在球根之下。球根发芽后，需要将它移往日照充足的室内。另外，秋季种植的球根需要接触寒气才能开花，所以需要让球根接触室外的空气大约 1.5 个月。

水培陶粒

水培陶粒是黏土经过高温烧制而成的，主要用于种植观叶植物。不过，水培陶粒清洁无菌，非常适合用作水培的辅助材料。如果容器是透明的，即便里面添加了水培陶粒，也很容易观察水位。

图中的是林生郁金香，采用水培的方式，种植在敞口的玻璃容器里，且容器中加入了水培陶粒作为辅助材料。到了 3 月它就会长出花蕾。

彩色沸石

沸石是一种多孔的矿物,具备一定的吸附作用。沸石有净化水质,抑制细菌繁殖,防止水质恶化的作用。因此,沸石非常适合用作水培辅助材料。

葡萄风信子"婴儿呼吸(Baby's Breath)"的花朵是蓝色的,所以将之种植在粉色的水杯中。水杯里的彩色沸石把花色衬托得更鲜艳。

颗粒土

颗粒土由黏土高温烧制而成,颗粒土上面有许多小孔,所以具有吸水、保水的能力。颗粒土无菌、无味,非常适合用作水培辅助材料。

造型简洁的灰黑色长方形容器是插花常用的花器。在容器内填充颗粒土作为辅助材料,水培种植铁十字四叶酢浆草。色彩典雅、造型简洁的容器,将铁十字四叶酢浆草的花朵、叶子衬托得格外艳丽。

客厅的一角，放置一张桌子，桌子上摆放了一排水培的球根植物。从左至右依次是：朱顶红、春番红花"花之纪念（Flower Record）"、匹克威克春番红花（2株）、风信子"蓝夹克（Blue Jacket）"、天蓝蓝壶花、原种克里特郁金香"希尔德（Hilde）"、原种矮花郁金香"海伦娜（Helene）"、风信子"奥德修斯（Odysseus）"、水仙"帕尔马雷斯（Palmares）"。

玻璃水培容器充满时尚感

　　使用透明的玻璃水培容器，可以观察水位、须根的状况，非常方便。而且将一排玻璃容器装饰在室内，效果协调、统一，可展现出简洁时尚的氛围。

　　玻璃杯子、罐子、敞口瓶等生活用品也可成为水培容器，外观同样时尚。在一些园艺店，还可以买到专门用来水培球根植物的球根瓶。

　　容器内可以添加水苔、水培陶粒、颗粒土等，以形成自然和谐的色调，进一步突出美感。

在色彩鲜艳的水桶中，混合种植了翡翠色的绿花纳金花、白花垂筒花"白（White）"。绿花纳金花的花朵是绿色的，与垂筒花"白"的白色花朵相互衬托。除了这两种球根花卉，这里还搭配种植了灌木迷南香"烟白（Smokey White）"作为点缀。

图中的是娜丽花"粉精灵（Pink Fairy）"，晶莹剔透的粉色花朵异常美丽。娜丽花的花朵在阳光照射下，似乎闪闪发光，所以娜丽花也被称作"钻石百合"。娜丽花原产于南非，属于半耐寒性的球根植物，适合种植在花盆里。但因其不喜湿，要将之种在小花盆中。

在阳台、庭院中欣赏球根植物

　　球根植物很适合种植在花盆中。每个花盆中只种植一株球根，最便于管理。将多种球根植物分别种在数个花盆里，开花后将它们排列在阳台或庭院里，便可形成一个精美华丽的小花丛。

　　如果想将数类球根植物种植在同一个花盆内，最好选择生长周期、习性相近的品种。

　　另外，在花坛里、庭院的小径旁，集中种植几株球根植物，也可打造景观中的一处亮点。同时，魅力独特的球根植物还可展现出浓浓的季节感。

在早春的明媚阳光中，把3盆小型球根植物摆成一排。植物、花盆都十分小巧可爱。上图中从左至右分别是：蓝铃花、贝母（Fritillaria davisii）、金黄番红花"奶油美人（Cream Beauty）"。

把各种各样的球根植物摆满整个阳台，立刻一片春意盎然。图中左侧从左至右依次是螺弹簧草（*Albuca spiralis*）、重瓣的郁金香"重瓣内格里塔（Negrita Double）"、叶子上有条纹的郁金香"快乐新星（Happy Upstar）"，前排从左至右依次是西伯利亚垂瑰花、花葱"卡默莱昂（Cameleon）"、淑女郁金香、西班牙水仙"哈维拉（Hawera）"、长寿水仙、水仙"甜爱（Sweet Love）"、水仙"自由星（Freedom Star）"。图片中最右侧的淡粉色小花是台湾唐松草。

左图中的是一盆混栽的植物，其中的主要花卉是郁金香"阿奎拉（Aquilla）"，旁边搭配斑叶的蓝菊和细叶的长寿水仙"新生儿（New Baby）"，整体风格清新自然。此外，还有开白色小花的筋骨草、金叶的茅莓"阳光传播者（Sunshine Spreader）"作为点缀。

郁金香"初期荣耀（Early Glory）"被种植在小花坛里。在花坛的数个位置，分别集中种植五六个郁金香"初期荣耀"的球根，这样开花之后的景观更美观、有层次。郁金香"初期荣耀"与三色堇、报春花搭配起来也很和谐。

球根植物究竟是什么

　　胖乎乎、圆滚滚的球根，其实就是植物地下的根/茎储存了养分之后肥大的部分。肥大的球根中不仅储存了用于开花的养分，还包含植物的多个器官，用来长出花芽、地下茎等。

　　另外，从种子开始培养的球根植株，将来开出的花朵不一定与种子的母体一模一样。但从球根主球上分球繁殖的植株，将来开出的花朵必定和主球植株的一样。

　　根据植物膨胀肥大的部分不同，球根植物又可分为以下几类。

原种仙客来的球根属于块茎类，地下茎肥大呈块状。

风信子的球根属于鳞茎类，其上叶呈鳞片状层层覆盖。

风信子的球根经常用水培的方式种植。

风信子球根的断面

花芽

鳞叶

子球　　地下茎

● 鳞茎类
此类球根的茎及叶呈鳞片状层层覆盖。有外皮包裹，比较耐干燥的叫作有皮鳞茎（A：有皮鳞茎）。没有外皮包裹的叫作无皮鳞茎（B：无皮鳞茎）。
A：郁金香、水仙、风信子等
B：百合、贝母等

● 球茎类
此类地下茎呈球形或扁球形。
例如：唐菖蒲、番红花等

● 根[状]茎类
此类地下茎肥大呈根状。
例如：女王郁金等

● 块茎类
此类地下茎肥大呈块状。
例如：仙客来、马蹄莲等

● 块根类
此类球根的地下主根肥大呈块状。
例如：大丽花、花毛莨等

球根植物的主要分布地域

如地图所示，球根植物大体上分布于4个区域。这4个区域共通的特点是，降雨量比较少，气候比较干燥。其中南非地区特点尤为显著，这里分布有许多外形独特、花色艳丽的球根植物。

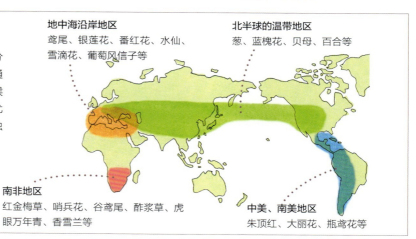

地中海沿岸地区
鸢尾、银莲花、番红花、水仙、雪滴花、葡萄风信子等

北半球的温带地区
葱、蓝槐花、贝母、百合等

南非地区
红金梅草、哨兵花、谷鸢尾、酢浆草、虎眼万年青、香雪兰等

中美、南美地区
朱顶红、大丽花、瓶鸢花等

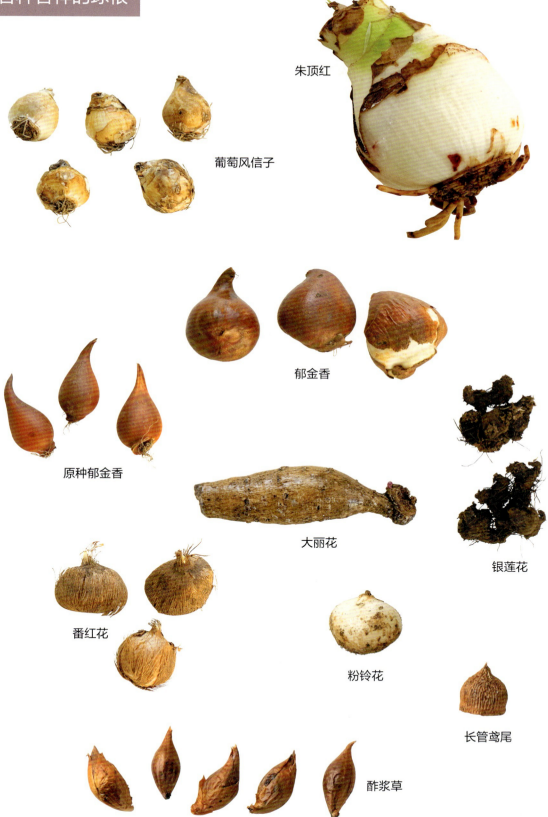

各种各样的球根

朱顶红

葡萄风信子

郁金香

原种郁金香

大丽花

银莲花

番红花

粉铃花

长管鸢尾

酢浆草

球根植物
主要有 3 种生长类型

根据生长周期的不同，球根植物生长类型大致可分为 3 类：秋植型（来年春季开花）、春植型（夏季开花）、夏植型（秋季开花）。

需要牢记的是：在球根植物的生长期，需要浇水、施肥；在休眠期及半休眠期则要少浇水、不施肥。只要把握这个原则，就能充分享受球根可爱的造型、精美的花朵带来的众多乐趣。

因此种植某种球根植物之前，最好先了解其生长类型，再开始尽情享受种植的乐趣。

郁金香

秋植型
（来年春季开花）

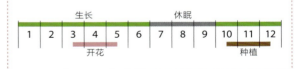

这一类球根植物需要在秋季种植，来年春季花朵会开放。其中有些品种种下之后，当年秋季就能开花。春季过后，随着气温升高，球根植物的地表部分枯萎，并在夏季进入休眠阶段。这类球根植物的耐寒性较强，有些品种接触不到外部寒气就不会长出花芽。

● **主要的球根植物**
郁金香、水仙、葡萄风信子、番红花、风信子等

风信子

葡萄风信子

哨兵花

16

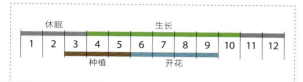

春植型
（夏季开花）

休眠					生长						
1	2	3	4	5	6	7	8	9	10	11	12
		种植				开花					

这一类球根植物需要在寒冬过后的春季种植，它们会于夏季至秋季开花。有些品种的花期会长一些。这类球根植物的原产地大多位于气候温暖的地区，所以植株耐寒性较差，生长期间温度需要保持在10℃以上。气温下降后球根植物的地表部分枯萎，并于冬季进入休眠期。

●主要的球根植物
大丽花、马蹄莲、朱顶红、女王郁金等

粗壮葱莲

大丽花

宫灯百合

嘉兰

番红花（藏红花）

夏植型
（秋季开花）

		生长					休眠				
1	2	3	4	5	6	7	8	9	10	11	12
							种植		开花		

这一类球根植物在夏季种植，于秋季开花。其中大部分品种花期过后叶子会继续生长，来年春季地表部分枯萎，并进入休眠期。许多品种都非常耐寒，生命力强、易于种植是这类球根植物的特点。有不少品种可连续生长数年。

●主要的球根植物
番红花（藏红花）、娜丽花、酢浆草、原种仙客来等

娜丽花

酢浆草

原种仙客来

种植球根植物的基本技巧

种植球根植物时重要的是了解球根植物的习性，为其提供最适宜生长的环境。灵活使用各种便利的辅助材料，开始培育可爱的球根植物吧。

水培种植球根植物的过程中，有不少简单实用的技巧，下面将为您进行介绍。

塑料的注水瓶既便宜又实用，用来调整水量再合适不过。

使用水苔时，先让其吸饱水，然后挤掉多余水分后再使用。

种植前确认球根的上下，出芽的一端需要向上。

可以把一根竹签放在容器旁边，用于测量容器内的水量。

大多数秋季种植的球根植物，需要接触寒气1个月以上才能开花。

长出根后，需要降低水位，水位要保持在球根以下。

肥料不要加得太多。

使用前需要将水培陶粒清洗一遍，去除污垢。

水培时，在出芽之前需要将球根放在阴暗处。

放置的场所、浇水的技巧

为了让球根植物茁壮成长，需要把它们放置在适宜生长的场所。选择场所时，日照和通风非常重要。另外，配合球根植物的生长周期，适度浇水也是一大要点。生长期的时候要充分浇水，休眠期的时候则需控制浇水量。

●温湿度计

在夏季和冬季，迅速了解温度和湿度大有好处。冬季，需要将温度维持在植物的最低耐寒温度之上。随时了解湿度，则可在夏季预防湿气过重。

●遮阳网

遮阳网可用来调整日照强度，十分便利。使用遮阳网有助于球根植物顺利越冬、过夏。在球根植物的生长期，可将遮阳网卷起，令植物充分接受光照。

夏季的直射阳光可能会灼伤叶片，用遮阳网减弱阳光的强度，让球根植物"愉快地"茁壮成长。

向东、向南的阳台或屋檐下
每天至少有4h的日照时间

用花盆种植的球根植物，最好摆放在室外日照充足的场所。若能避免被雨水淋到，更有助于球根植物的生长。所以，阳台或屋檐下是不错的种植场所。

如果阳台、屋檐的朝向是向东或向南，这样的情况最为理想。总之，每天最少有4h的日照时间，这样的场所比较适合种植球根植物。为了尽量获得阳光、改善通风，不要把花盆直接放在地上，最好把花盆摆放在架子或台子上。

生长期尽量浇足水，
休眠期需控制浇水量

球根植物处于生长期的时候，花盆中的土壤干燥后，需要为之充分地浇水，直到水从花盆底部的排水孔流出。"土壤干燥后，一次性浇足水"是浇水的窍门。相反，当球根植物处于生长缓慢期或休眠期的时候，要减少浇水量。球根植物处于休眠期时不再吸水，如果土壤过湿，会伤到球根。正确的浇水方法是每月1次，用喷雾器喷一些水雾，令土壤稍微湿润即可。根据球根植物的品种，可适当增加或减少喷水量。

在生长期，充足地浇水，浇到叶子也没关系。

在休眠期，时不时地用喷雾器稍微湿润一下土壤即可。

休眠期过后，球根植物渐渐苏醒时，重新开始浇水，逐渐增加浇水量。

挑选球根、保存球根的技巧

挑选出优良的球根，是成功种植球根植物的第一步。挑选时最先需要确认的是，球根是否遭受了病虫害。外形圆润饱满、表面有光泽、拿在手里重量感较足的球根，属于品质较好的上品，最适于种植。尽量不选那些表面有伤、变色的球根。

是否圆润饱满、有光泽

应该挑选那些圆润饱满、有光泽、外表无伤的球根。特别是水培的时候，应该挑选个体圆润饱满的球根。如果球根太小，有可能无法顺利开花。

外表有一层薄薄的外皮包裹的球根比较耐旱。可以将其装在网兜里，放在通风良好的阴凉场所，晾干。

不选遭虫蛀的球根● 图片中右侧的球根已经遭虫蛀，有明显的虫眼，不要选择这样的球根。

不选太小的球根● 图片中左侧的两个球根很饱满，右侧的球根则较小、较干瘪。较小的球根，种下后有可能长势不好。

不选表面有斑痕的球根● 图片中的球根的表面有斑痕，且变成了黄色或茶褐色。这表明球根很可能已经遭遇了病害侵袭。

不选表面发霉的球根● 图片中的球根表面变成了茶褐色，并且已经发霉。将这样的球根种下后，会导致周围的其他球根发霉、腐烂。

妥善保存球根，
使球根保持良好的状态

为了妥善地保存球根，最好先使用杀菌剂为球根杀菌，减少有可能致病的病原菌。虽然杀菌需要花费一些精力，但杀菌之后可大幅减少球根在种植之前发霉、腐烂的风险。

所需的杀菌剂，可在园艺店购买，也可轻松地在网上购买。

所需物品
防护手套、塑料容器、网兜、勺子、杀菌剂（苯菌灵水溶剂）、量杯、清水

1 阅读杀菌剂的标签或说明书，查看杀菌剂是否适用于想要种植的球根植物。

2 根据杀菌剂的使用量，用量杯往容器内倒入适量的水。

3 加入规定量的杀菌剂。

4 用勺子充分搅拌，让杀菌剂充分溶解。

5 把球根装进网兜里，然后将网兜浸入杀菌剂溶液之中。浸泡多长时间，请参照说明书。最后把网兜挂在阴凉的通风处，晾干球根。

有效使用各类杀菌剂

精心挑选的球根，如果因为病原菌而发霉、腐烂，着实令人伤心。所以，应根据球根植物的种类、病状等选择合适的杀菌剂，给球根杀菌。比较常见的杀菌剂有苯菌灵水溶剂、百菌清水溶剂等。有些病原菌具备了一定的抗药性，如果杀菌一次之后效果不理想，可使用其他种类的杀菌剂再次杀菌。

土壤及各种辅助材料

采用水培，或在花盆中种植球根植物的过程中，会用到各种土壤及辅助材料。

灵活使用各种辅助材料，就可以在室内轻松地种植球根植物，而且还能达到清洁、美观的效果。与球根植物共处一室，近距离观看植株成长的过程，既愉快又有趣。

花草专用培养土

这是园艺店出售的花草专用培养土。有些培养土中还混合了肥料，使用更加方便。

多肉植物专用培养土

这是园艺店中常见的多肉植物专用培养土，排水性很好，适用于喜爱这类土壤的球根植物。

赤玉土（大粒）

可以将赤玉土放在花盆的盆底，以提高排水能力。赤玉土可代替盆底石，适用于大型球根植物的种植。

水苔

水苔具备不错的保水性，球根的根可在其中自由伸展。此外，水苔的外观朴素、自然，秋季至冬季也很好管理。

水培陶粒

黏土经过高温烧制而成的水培陶粒，具备无菌、易于清洗等特点。售卖观叶植物的园艺店中经常有售。

颗粒土

颗粒土也是由黏土经过高温烧制而成的，它无菌无味，具备吸水性和保水性，常用于观叶植物的栽培。

彩色沸石

彩色沸石就是涂成各种颜色的小粒的沸石，可以从园艺店或网上购买。

化妆沙

化妆沙一般用于庭院设计，可在一些建材类的商店买到。砾石的大小、颜色均有多个种类供选择。

沸石

沸石是一种矿物，可以起到净化水质、抑制细菌繁殖、防止腐烂等效果。

水培球

这是一种吸水性很强的聚合物，体积的95%均由水组成，可用于球根植物的水培。

透明的辅助材料
用时需要用纸箱遮挡阳光

水培球根植物时，如果使用玻璃球等透明的物体作为辅助材料，需要用纸箱将整个容器罩起来，直到球根长出根和芽，因为球根在黑暗环境中更容易长出根。

用玻璃球作为辅助材料，水培种植的蓝铃花的球根。

用纸箱子等罩住整个容器，遮挡光线，球根就会长出根和芽。

化妆沙
需要先清洗干净

市面上出售的化妆沙，沙砾上大多附有细小的灰尘、泥土等。如果不清洗就直接用于水培，水会变得污浊，也会损害到球根。

在水桶内倒入水，清洗化妆沙。

沙砾上有不少脏东西，多换几次水，清洗干净。

水培陶粒
清洗、吸水后再使用

水培陶粒、颗粒土等辅助材料，也需要先清洗一下，然后让它们吸水，之后再将之放入水培容器里面。

将水培陶粒放入水桶中，让它充分吸水。

清洗、使之吸水后，用滤网滤掉多余的水分。

水苔
充分吸水后再使用

市面上出售的都是干燥的水苔。干水苔不容易吸水，需要将之浸泡在水中，充分吸水之后再使用。

在水中浸泡 15~30min，让水苔充分吸水。

用手指轻捏一下，稍微去除多余的水分，然后再使用。

一排精美的玻璃容器，可用来水培球根植物。左边的两款是玻璃杯，右边的两款是专用的水培容器（上部的小托盘可单独取下）。

水培容器
以及各种便利的小工具

近些年，大家可以买到各种精美的水培容器，这些水培容器被称作"球根瓶"。甚至还有专用于番红花等特定球根植物的球根瓶。快使用这些精美、实用的球根瓶，尽情享受水培的乐趣吧！另外，日常生活中的一些玻璃杯等玻璃器皿也可用作水培容器。

这是番红花专用的球根瓶，瓶口部分的尺寸恰好能容纳一个番红花球根。将它们排列在一起，既时尚又可爱。

这是园艺店或网上出售的，专门用于水培球根植物的球根瓶。上面放球根的小托盘能够单独取下。

专栏 1

把水培容器悬挂欣赏

借助一些悬挂花盆用的器具，可以把水培容器悬挂起来。在窗边培育、欣赏球根植物别有一番乐趣。如果使用透明的容器，在球根长出根、芽之前可以用布将容器包住——黑暗的环境有助于球根生长。

下面将为您介绍一些方便、实用的工具，让种植球根植物变得简单愉快。其中的花盆、容器，将在以后介绍的实例中被用到。

移栽细长形球根专用的园艺铲（左）；移栽小型球根的园艺铲（右）。

浇水壶
主要使用小型的、不带喷头的浇水壶。

注水瓶
可以方便地少量给水。

勺子
勺子用于添加细小的辅助材料。

铲土杯
细长形的、体积较小的铲土杯最顺手。

铁锤
铁锤用于给底部无孔的容器开孔。

粗铁钉
粗铁钉用于给锡铁材质的容器开孔。

盆底网
根据所用花盆的大小，将盆底网裁剪成合适的尺寸。

彩色花盆
用水泥灰浆制成的小型花盆。

方形花盆
小花盆适合种植小球根。

环形花篮
如果花篮内铺了一层内衬，会更好用。

锡铁杯
先在底部开一个排水孔，再使用。

马克杯
杯子的颜色、图案与植物相配即可。

玻璃茶壶
透明的玻璃茶具也可用于水培球根植物。

玻璃花瓶
普通的玻璃花瓶也可成为水培的容器。

球根的种植方法 1

水培种植

　　以易于水培种植的风信子作为例子，向您示范水培种植的方法。应该选择个头较大、饱满的风信子球根，这是选择球根的窍门。掌握水培的基本技巧，就可不断尝试水培各类球根植物了。

需要准备的物品
水培专用的球根瓶、为球根底部遮光的布袋、玻璃量杯。

● **球根**　风信子"卡内基（Carnegie）"的球根 1 个

操作步骤

1　向水培专用的球根瓶内加水，水位到达球根瓶收窄的瓶颈部分即可。

2　使球根的尖端向上，放在球根瓶中。调整球根瓶内的水位，水位恰好接触到球根底部即可。

3　为球根瓶套上布袋。注意，不要把水洒出来。布袋刚好遮住球根的根部以下部分。

4　将套了布袋的球根瓶放在阴暗、凉爽的场所或屋檐下保管 1.5 个月左右，其间要经常换水。

这是水培的风信子"蓝夹克"，容器是 P24 介绍过的球根瓶。球根瓶上部的小托盘可以单独取下，换水非常方便。

风信子"卡内基"

球根的种植方法 2
使用塑料育苗杯

　　将球根种植在塑料育苗杯里面非常便利，可于开花前将球根植物移植到精美的花盆里，也可在开花后将其取出，像 P36 的案例那样用于装饰。近些年在园艺店中，还有种植在塑料育苗杯中的已经发芽的"发芽球根"出售。

需要准备的物品

铲土杯、培养土（花草专用或多肉植物专用的培养土）、塑料育苗杯（3 号⊖）2 个、浇水壶

●**球根**　宽叶蓝壶花的球根　10 个

操作步骤

1 用铲土杯向塑料育苗杯里面加入培养土，培养土达到育苗杯的 1/3 深度即可。

2 将 5 个宽叶蓝壶花的球根摆在土面上。球根略微有些尖的一端向上。请注意，球根有上下之分，不要种颠倒了。

3 盖上培养土，直到球根全部被掩埋。注意，球根之间、球根和育苗杯壁之间不要留有缝隙。

4 将培养土的表面抚平。

5 轻柔地浇水，一直浇到有水从育苗杯的底部流出。

宽叶蓝壶花

6 在另一个育苗杯中按照同样步骤种植。将育苗杯摆放在屋檐下或其他阴凉处，时不时地浇一些水。

⊖　一般花盆的号数约是花盆直径（单位为厘米）的 1/3，即 3 号盆的直径约为 9cm。

球根的种植方法 3
用水培陶粒栽培

    用水培陶粒栽培，就是使用观叶植物专用的水培陶粒或颗粒土，在各种您喜欢的容器内水培种植球根植物的方法。这种方法可用到各种精美的容器或生活中常见的器皿，也适用于各类的球根植物。

需要准备的物品

水桶、水培陶粒、玻璃花瓶（直径为 15cm、高 16cm）、沸石、勺子、滤网、浇水壶

● **球根**　森林郁金香的球根　5 个

操作步骤

1 水培陶粒的表面往往附有灰尘和污垢，需先将其倒入水桶中清洗，并且让陶粒充分吸水。

2 沸石有净水、抑制细菌繁殖的作用，所以可在容器内加入一些沸石（将容器的底部盖住即可）。

3 将清洗好的水培陶粒先放入滤网，滤掉多余的水分，然后倒入容器内，使之达到容器的 1/2 深度即可。

4 将球根摆放在陶粒上，使球根略微有些尖的一端向上。请注意，球根有上下之分，不要种颠倒了。

5 盖上水培陶粒，直到球根全部被掩埋。注意，球根之间、球根和容器壁之间不要留有缝隙。

森林郁金香

6 向容器内加水，直到表面可以看到水，然后再略微倒出一些水。水培陶粒具有保水性，即便水量变少也可维持数日。所以，需要注意，水不要加得过多。

将容器摆放在屋檐下或其他阴凉处，时不时地加一些水。2~3 个月之后，就会长出花蕾。

球根的种植方法 4
用彩色沸石栽培

　　用彩色沸石栽培，就是使用色彩艳丽并且具备净水效果的彩色沸石水培球根植物的方法。用这种方法在室内就可轻松地水培球根植物，近距离观察球根植物的生长过程。彩色沸石的装饰效果极佳，用彩色沸石水培的球根植物摆在客厅、厨房中立刻就成了精美的装饰品。

需要准备的物品

数种颜色的彩色沸石、塑料水杯（直径为 7cm、高 13cm）若干个、勺子、量杯或浇水壶（两者任选其一）

● **球根** 葡萄风信子数种（个数任意）

操作步骤

1 向塑料水杯中加入 200ml 的彩色沸石，达到杯子 1/2 多一点儿的深度即可。

2 在中央摆放 3 个球根，球根之间不留空隙也没关系。

3 添加彩色沸石，埋住球根高度的 2/3 处即可。

4 向塑料水杯中加水，直到将彩色沸石全部淹没。然后稍稍倾斜水杯，倒出一些水，让水位稍微低于沸石表面。

5 将塑料水杯放置在阳台、屋檐下，或没有暖气的房间中，用纸箱罩住。静置 1 个月，每隔一段时间换一次水。

2~3 个月之后芽长出，此时将容器移到光照充足的场所，让球根继续生长，也方便在室内观察。

左 / 葡萄风信子"闪亮（Bling Bling）"
中和右 / 葡萄风信子"婴儿呼吸"

29

花期之后挖出球根

　　下面将介绍花期过后将球根挖出保存的方法，以及将增多的球根分球以备重新栽种的方法。如果刚挖出的球根损伤很少、状态良好，可以省略杀菌环节而直接晾干，也可直接将之栽到塑料育苗杯或花盆里。

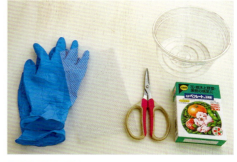

需要准备的物品
防护手套、塑料碗、网兜、剪刀、杀菌剂（苯菌灵水溶剂）

●植物　唐菖蒲"朱庇特（Jupiter）"（种在一个育苗杯中）

操作步骤

1 用剪刀剪去植株地表干枯的部分，只留下 2~3cm。

2 将植株和土从育苗杯中倒出。

3 从各个球根的自然分割处，将球根慢慢分开。注意，动作轻柔，不要压坏球根。

4 将土全部除掉，将各个球根完全分开。

5 剥去表面变成茶色、受损的表皮。

6 将残留的较长的茎，用剪刀剪去。

7 将步骤 6 处理好的球根全部放入塑料碗中，撒一些杀菌剂。

8 将球根装入网兜，放在通风良好的场所令其干燥，然后放在阴凉的场所保存。

经过分球、杀菌处理过的唐菖蒲"朱庇特"的球根。

球根植物花后养护 1
水培种植的情况

　　水培种植的球根植物开花之后能量已被大量消耗，如果放置不管，来年将无法开花。所以开花之后，应该将球根移栽到培养土里进行恢复，让球根重新变得圆润饱满，这样来年就能再度绽放美丽的花朵。

需要准备的物品

培养土（花草专用或多肉植物专用）、花盆、铲土杯、盆底网、固体肥料、浇水壶

● **植物**　水培种植并开过花的绿花纳金花的球根（种在一个花盆中）

水培种植并开过花的绿花纳金花

操作步骤

1　剪下一块盆底网，比盆底的排水孔略大，放在排水孔上面。

2　用铲土杯向花盆内倒入培养土，达到花盆的 1/3 深度即可。

3　将水培种植的绿花纳金花，轻柔地从容器中取出。

4　去除一些水苔。注意，不要伤到球根的根须。不要用力拽，不要把根扯断。

5　将处理过的植株轻轻地摆在培养土上。

6　添加培养土。注意，球根之间、球根与花盆壁之间不要留有空隙。

7　将培养土的表面抚平，在距离植株稍远一点儿的位置放置固体肥料。

8　轻柔地浇水，直到有水从盆底的排水孔流出。将花盆放在半背阴的场所管理，表面的土壤干燥后就浇水。

球根植物花后养护 2
种植于小花盆或小器皿的情况

为了来年植株能继续开花，需要将开花之后的番红花（藏红花）移栽到大花盆里养护。

种植于小花盆或小器皿的番红花（藏红花），开花之后球根有很大的消耗，如果不进行养护，来年将无法再开花。所以需要将植株移栽到较大的花盆中，养护到来年春季，让球根重新变得圆润饱满。

需要准备的物品

铲土杯、花草专用的培养土、盆底网、固体肥料、花盆（直径为 18cm、高 12cm）、浇水壶

● 植物　开过花的番红花（藏红花）　3 株

绽放花朵的番红花（藏红花）

操作步骤

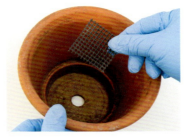

1 剪下一块盆底网，比盆底的排水孔略大，放在排水孔上面。

2 用铲土杯向花盆内倒入培养土，达到花盆的 1/3 深度即可。

3 从器皿中轻柔地将番红花（藏红花）的植株取出，不要伤到叶子和球根。将取出的植株放在培养土上。注意，土球保持原状即可。

4 将另外两株也从器皿中取出，均匀地摆放。

5 向 3 个植株的球根周围添加培养土。番红花（藏红花）会在老的球根下方生出新的球根，所以土壤不要完全覆盖球根，覆盖球根高度的 1/2 以上即可。

6 在距离球根稍远一点儿的位置，放置富含磷、钾的固体肥料，保养叶子并让球根重新变得圆润饱满。

7 浇水，直到有水从盆底的排水孔流出。然后将花盆放置在光照充足的场所。表面的土壤干燥后再浇水。注意，土壤不要太潮湿。来年春季叶子枯萎后，将球根挖出。

秋季种植的球根，要补充营养

水培的情况下，如果球根本身所含的养分不够，有可能导致植株不开花。此时可以施加少量液体肥料，给球根补充营养。注意，要适时地换水，防止容器里的水变质。

水培种植的大果蓝壶花"金色香水"

春季种植的球根，要为开花做准备

春季种植的球根，如果球根本身所含的养分不够，有可能难以开花。所以需要适当施肥。注意，固体肥料不能直接接触球根及根系，所以需要将肥料掺在水培陶粒或颗粒土中。

这里要用颗粒土水培宫灯百合，固体肥料要洒在下面的颗粒土中。

各种液体肥料

液体肥料分为稀释使用型、直接使用型等不同的类型。

液体肥料"我的花园"（My Garden）" 　　促进开花的"花宝"（HYPONeX）"

施加肥料及活力剂的方法

为了让球根健康生长，绽放美丽的花朵，可以在合适的时期适当地施肥。

春季种植的球根，可于开花前少量施肥。夏季、秋季种植的球根，可于开花之后施肥，让植株休养生息。

还可搭配使用植物活力剂，达到促进根和芽生长、促进开花的功效。

百合开花之后的养护

百合开花之后，整个植株有不小的消耗。所以需要施加一些肥料，养护叶子、茎，并让新长出的球根更加饱满，为来年再开花储存养分。

开花之后的百合，叶色较差，植株比较虚弱。

施加一些营养均衡的固体肥料，并在肥料上稍微盖一些土。

各种固体肥料

各类肥料发挥效果的时期各不相同，要根据需求进行选择。

固体肥料"花心" 　"MAGAMP K"中等颗粒 　固体肥料"NexCOTE"

促进根、芽生长的活力剂

适当地搭配使用植物活力剂，可以帮助根和芽生长。使用得当的话，效果值得期待。

用规定倍数的水稀释活力剂。

用规定倍数的水稀释活力剂之后，用其代替水，浇到种植着植物的花盆里。

各种活力剂

各类活力剂的主要成分、效果各不相同。

活力剂"Stress Block" 　活力剂"RIKIDUS" 　活力剂"Menedael"

大丽花"宝雪"

为大丽花剪侧芽

在本书介绍的球根植物中，有一些需要种植在花盆中并且剪掉多余的侧芽，如此一来开放的花朵将更加美丽、饱满。只要掌握基本技巧，剪侧芽并不算难。所以也请您试着为大丽花剪掉多余的侧芽，让绽放的花朵更美丽吧。

剪侧芽之前
在主茎的每一节上，都有多余的侧芽。

保留顶部的芽。将主茎两侧伸出的侧芽，用剪刀从侧芽的根部剪掉。

下面的侧芽也用同样的方法剪掉。

剪侧芽之后
剪掉多余的侧芽之后的状态。

剩下的花芽会变得很饱满，将来定能开放艳丽、饱满的花朵。在这一时期，可以在距离植株稍远的土壤中施加一些液体肥料，效果会更佳。

这是剪掉多余侧芽之后的主茎，这样一来养分就能充分输送到顶部的花蕾中了。

剪短花葶

　　风信子等球根植物的花葶会不断长高，花期过后可以将花葶剪短，这样不仅可以保持植株美观，还可以促进植株开出新的花朵。所以花期过后的花葶不要放任不管，及早将它剪短吧。

花朵绚丽绽放的风信子"粉珍珠"

风信子"粉珍珠"的花朵全部开放完毕，花葶略显茶色，不太美观。

用剪刀从花朵开放完毕的花葶底端剪掉。

过不了多久，就会有新的花葶从下面长出，继续开花。

摘除百合的花药

　　百合的花朵造型优美、格调高雅，令人心旷神怡。但是需要留意百合的花粉，沾到衣服上很难清洗。所以百合开花后，立刻就将其花药摘除吧。

百合开花之后，用手指捏住花药的后部。

轻轻一拉，整个花药就会被取下。

将所有花药摘除。有些许花粉落在花瓣上，无法清除，看上去就像花瓣有斑点一样。

裸根插花

　　用育苗杯种植的球根植物开花后，可将植株取出来，洗净根须，将几类球根花卉像鲜切花那样放在一起装饰。将球根的根须用水苔包裹，植株可以存活较长时间，可供欣赏的时间要长于鲜切花。通过 P27 介绍的方法培育球根幼苗，就可以选择您喜爱的球根植物自由搭配组合，制作精美的装饰插花作品了。

混搭在一起的球根花卉包括：风信子"卡内基"、风信子"哈勒姆城（City of Haarlem）"、风信子"代尔夫特蓝（Delft Blue）"、网脉鸢尾"蓝色笔记（Blue Note）"、亚美尼亚葡萄风信子"夜之眼（Night Eyes）"、葡萄风信子"婴儿呼吸"、水仙"帕尔马雷斯"。各种花朵相互衬托，争奇斗艳。

操作步骤

1 向塑料水槽里倒入水。

需要准备的物品

塑料水槽 2 个、水苔、玻璃器皿（直径为 15cm、高 6cm）、小玻璃杯子、牙刷、浇水壶

●**植物** 风信子"卡内基"、风信子"哈勒姆城"、风信子"代尔夫特蓝"、网脉鸢尾"蓝色笔记"、水仙"帕尔马雷斯" 各 1 株
亚美尼亚葡萄风信子"夜之眼"、葡萄风信子"婴儿呼吸" 各 2 株

2 从育苗杯中将植株取出，轻轻将土去除。

3 将去除土壤的植株放在水槽中，用水将根须洗净。

4 用牙刷小心地将根须上附着的土壤刷掉。注意，不要伤到根。

5 用同样方法清洗所有植株。

6 把小玻璃杯放在玻璃器皿的中央，周围铺设一些吸过水的水苔。

7 将根须展开，把洗过根的植株摆放在小玻璃杯周围。

8 调整植株的位置，使整体形成环状。

9 在植株之间塞入水苔，让水苔包裹住根。

10 向玻璃器皿加一些水，水达到器皿深度的 1/3 即可。注意，不要加太多水，否则水质容易变坏。

球根植物的繁殖方法

最简单的增加球根的方法，就是按照P30介绍的要领，将花期之后的球根进行分球。此外，较为简便的方法还有播种种植，生命力顽强、较易成活的球根植物比较适合播种种植。

图中是长出种子的葱莲。除分球种植外，葱莲、长筒鸢尾等球根植物，通过播种种植也比较容易成活。

1 春季开花，此后长出种子的螺弹簧草。

2 蒴果里面紧密排列着许多种子。

3 将种子取出。种子很轻，注意不要被风吹散。

4 将种子撒在多肉植物专用的培养土上。取下种子后立刻将之播撒到土壤上，效果最好。

5 在种子上稍微添加一些土。如果土盖得太厚，种子会难以发芽。

整个夏季，时不时地用喷雾器喷一些水雾，让土壤稍微湿润即可。到了秋季，就会长出许多细长的叶子。

容易分球的球根植物

球根植物中有些种类容易分球，也有些种类不容易分球。水仙、唐菖蒲、狒狒草、蓝壶韭等，就很容易通过分球进行繁殖。

重瓣的水仙品种很容易分球。图中球根的右侧已经长出了子球。

图中的为蓝壶韭的球根，球根的周围已经长出许多子球。

播种种植的长筒鸢尾

上图中的是不同时期播种种植的长筒鸢尾。最左侧的是采集种子后立刻就种下的植株。向右依次是，采集种子后延后（延后时间递增）播种的各个植株。可见采集种子后立刻进行播种，植株的长势最好。

只靠自然落种也极易繁殖的原种仙客来

原种仙客来仅靠落种就很容易繁殖。经常有蚂蚁搬运了原种仙客来的种子，于是原种仙客来就在意想不到的地方生长、开花，这令人惊叹不已。这是因为原种仙客来的种子周围会分泌一种甜味物质，蚂蚁往往误把它当作食物搬运。

这是原种仙客来的果实，里面就有种子。

在意想不到的地方生长、开花的小花仙客来。前面还可以看到常春藤叶仙客来的叶子。

球根过夏、过冬的注意事项

　　许多秋季种植的及夏季种植的球根植物，往往惧怕炎热的夏季，所以如何顺利过夏成为种植这些球根植物的关键点。而许多春季种植的球根植物，则大多惧怕寒冷的冬季，所以顺利越冬成为种植它们的关键点。

　　无论什么种类的球根植物，都会在不适应的季节中进入休眠或半休眠状态，以度过难熬的时期。所以在球根植物的休眠或半休眠期，应该少浇水，并为球根营造良好的环境来妥善保护它。

图中的为休眠期的球根植物。植株的地表部分已经全部枯萎。为了便于辨认，在花盆里插入了名称标签。

休眠期要少浇水，时不时地用喷雾器喷一些水雾，让土壤稍微湿润即可。

休眠前的养护

球根植物进入休眠期之前，植株的地表部分会逐渐枯萎。如果放任不管，枯萎的部分有可能会腐烂，甚至殃及地表下的球根，使球根枯萎。所以要及时除掉地表枯萎部分。

花葱"卡默莱昂"的叶子变黄，逐渐枯萎。每次发现枯萎的叶子，要及时摘除。

当植株的地表部分几乎全部枯萎后，轻轻捏住地表部分，稍微一拔就可将之拔掉。

地表部分完全枯萎，进入休眠期的花葱"卡默莱昂"。地表部分枯萎后，要减少浇水量。

使用遮阳网调整日照强度十分便利

秋季种植的球根植物大多会在来年夏季进入休眠或半休眠期，休眠期如果被阳光直射，球根可能会受伤。此时使用遮阳网，就可方便地调整日照强度。如果预备了黑色、白色两种遮阳网，就更方便了。

白色的遮阳网 ● 白色遮阳网的遮光率是22%，可用来减弱日照的强度。冬季使用白色的遮阳网还可起到一定的保温作用。

黑色的遮阳网 ● 黑色遮阳网的遮光率是50%，可以将强烈的日照环境调整为半背阴的环境，适合在夏季使用。

休眠期结束后，开始浇水

休眠期的最后阶段，新的叶、芽会长出来，这便是重新开始浇水的信号。逐渐地增加浇水量，植株就会顺利地健康生长。

刚刚长出新叶子的白玉凤。

常春藤叶仙客来从休眠中醒来后，立刻就会长出花蕾。

休眠期结束后，逐渐增加浇水量。

如何防治病虫害

防治球根植物病虫害的第一步，是购买完整、健康的球根。如果球根表面有伤，就会大大增加感染疾病、虫害的概率。

近些年出现了一种颗粒状的杀虫杀菌剂，使用起来非常方便。预备好这类杀虫杀菌剂，从种植时开始就可应对各种病害及虫害。

表面有伤的球根处理方法

如果种植了表面有伤的球根，球根就有可能从下方变色、发霉，如图中所示。如果只是初期病症，用小刀将发霉的部分削去，撒一些杀菌剂，球根还有可能恢复健康。

贝尼卡 X 防护颗粒

种植的时候或者刚出芽的时候都可使用。

非常便利的杀虫杀菌剂

这种颗粒状的杀虫杀菌剂，既可以预防植物的病害，也可以预防虫害。种植的时候，或者球根刚出芽的时候，在植株旁边的土壤上撒一些，防护效果极佳。

注意防治蚜虫

蚜虫会寄生在各种植物上，不仅吸食植物的汁液，还会令植物感染各种病菌。所以，可以在植株旁边的土壤上撒一些杀虫颗粒，来防治蚜虫。

叶螨出现的初期要及时处理

叶螨是一种春季至秋季多发的害虫。叶螨会寄生在各种植物上，吸食植物的汁液。如果不及时处理，短时间之内就会急剧增多，令整个植株满是叶螨。所以一旦发现叶螨，请立刻使用喷雾杀虫剂。

观察叶子的背面，可看到许多小虫子。

大丽花的植株上出现了叶螨（俗称红蜘蛛）。

 →

立即见效的喷雾杀虫剂，最适合对付叶螨。

叶螨经常出现在叶子背面，千万别忘了喷叶子背面。

球根的购买渠道

到园艺店购买球根实物，当然最理想。但现在通过网店购买，也非常方便，可买到各种各样的球根。还有一些颇具特色的球根植物的育苗园，也是购买球根的好去处。

绿花纳金花

狒狒草（*Babiana pygmaea*）

淑女郁金香"条纹薄荷糖（Peppermint Stick）"

精美的插花

在阳台或庭院中种植的球根植物开出众多花朵之后，可以将一些花朵剪下，插到花瓶里，摆在房间里就成了精美的装饰物。

挑选一些精致的花瓶作为搭配，效果更佳。一只花瓶中只放一朵花，也非常美观。

纳丽花

蓝壶韭

那布勒斯韭

百合"胸花（Corsage）"

第 2 章

浓浓的季节感
球根植物的种植、装饰实例

球根植物的造型丰富多彩，花色、花形、球根外形各有千秋。
接下来就为您介绍种植要点及装饰实例。

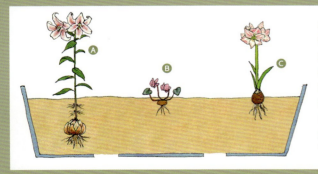

本书主要介绍的是通过花盆种植及水培种植球根植物。与在庭院或苗圃种植的球根植物相比，花盆种植或水培的球根根须的生长空间受到了一定的限制。所以，本书介绍的是球根的主体稍稍露出地表，或者球根埋在地下较浅位置的浅层种植方法。当然也有类似百合（A）等球根上部也生出根须的品种，这些属于例外的品种。一般情况下，种植时使朱顶红等（C）的球根稍稍露出地表，仙客来等（B）的球根埋在地下较浅位置。

浓浓的季节感
球根植物的种植、装饰实例

秋植型球根植物
（来年春季开花）

在凉爽的秋季种下的这类球根，度过寒冷的冬季，
于来年春季开放花朵。
这类球根植物的品种丰富，生命力顽强，
适于用水培的方式种植，摆在身边可增添亲近感。
熟练掌握水培方法后，不妨尝试种植一些珍稀品种。

矮花郁金香"小人国
（Lilliput）"

狒狒草（*Babiana
odorata*）

鸢尾

Iris

科名 / 鸢尾科	原生地 / 中亚等地区
耐寒性 / 强	耐暑性 / 普通
株高 /6~15cm	放置场所 / 向阳处

鸢尾是早春开花的鸢尾科植物。比较美观的品种是网脉鸢尾、鸢尾（*Iris histrioides*）等，它们是开放蓝色花朵的小型品种。在精致小巧的花盆里集中种植数株，开花之后非常华丽、美观。鸢尾喜爱排水效果较好的土壤，种植在花盆里可以连续生长数年。鸢尾叶子枯萎，进入休眠期后，可以将球根挖出，秋季再重新种下，这样有利于球根繁殖。

	生长				休眠							
1	2	3	4	5	6	7	8	9	10	11	12
	开花								种植		

网脉鸢尾"蓝色笔记"的花朵是醒目的深蓝色，花瓣形状细长。鸢尾"凯瑟琳·霍金"（*Iris histrioides* 'Katharine Hodgkin'）则开放浅蓝色的花朵，花瓣上有精美的条纹。将这两种鸢尾搭配在一起，混栽在锡铁容器内，两种花朵相互衬托，花色的魅力更加突出。

网脉鸢尾"彩绘女士（Painted Lady）"的花瓣上有一抹淡淡的蓝色，花瓣上的条纹也十分美丽。

使用多肉植物培养土种植鸢尾

需要准备的物品

铲土杯、多肉植物专用的培养土、盆底网、方形锡铁容器（15cm×10cm、高 6cm）2 个、浇水壶

● **球根**　网脉鸢尾"蓝色笔记"的球根　10 个
　　　　　鸢尾"凯瑟琳·霍金"的球根　5 个

操作步骤

1　在锡铁容器的底部开一个排水孔。剪下一块比排水孔大一些的盆底网，将之盖在排水孔上面。

2　用铲土杯向锡铁容器里面加入培养土，培养土达到容器的 1/3 深度即可。

3　将鸢尾的球根摆在土上，使球根略微有些尖的一端向上。请注意，球根有上下之分，不要种颠倒了。

4　盖上培养土，直到球根全部被掩埋。注意，球根之间、球根和锡铁容器的侧壁之间不要留有缝隙。

5　将培养土的表面抚平。

6　在另一个锡铁容器也采取同样操作——开孔、铺设盆底网、加入容器 1/3 深度的培养土。接下来，请在容器的一个角落集中种植数个球根。

7　新种的球根也用培养土覆盖。抚平土壤表面。用水壶给两个盆栽浇水。

8　将角落中种植球根的锡铁容器放在下面，将另一个放在上面。两个容器都放在日照较好的室外，土壤变得干燥后，请及时浇水。

网脉鸢尾"蓝色笔记"

鸢尾"凯瑟琳·霍金"

孔雀银莲花"白影（White Shade）"的植株小巧可爱，醒目的深蓝色花蕊，点缀在洁白的花瓣中央。

银莲花

Anemone

科名 / 毛茛科	原生地 / 地中海沿岸等地区
耐寒性 / 强	耐暑性 / 普通
株高 /10～30cm	放置场所 / 向阳处至半背阴处

银莲花的花朵精致可爱，是颇具人气的插花素材。银莲花的品种丰富，花色有红色、白色、紫色、粉色、复色等。一些花朵较小、外形类似山间野花的银莲花品种，适合在花盆里种植。而生命力顽强的孔雀银莲花、欧洲银莲花及其杂交品种，也可种植在阳台等场所。银莲花比较惧怕高温高湿的环境，叶子枯萎进入休眠期后，要减少浇水量，将花盆放在半背阴的场所。

生长				休眠							
1	2	3	4	5	6	7	8	9	10	11	12
	开花								种植		

欧洲银莲花"波尔图 重瓣蓝（Porto Double Blue）"的株高为 15～20cm，花朵大小适中，蓝色的花朵润泽饱满。

欧洲银莲花"波尔图 珍珠（Porto Pearl）"的株高为 20～40cm，花朵较大，花瓣上淡淡的渐变色彩很迷人。

重瓣的朱顶红"阿佛洛狄忒（Aphrodite）"，先在水杯里水培种植，开花后再移栽到花瓶里。为了支撑硕大的球根，水杯的下半部分需要密实地塞入一些水苔。

朱顶红

Hippeastrum

科名 / 石蒜科	原生地 / 南美
耐寒性 / 弱	耐暑性 / 普通
株高 /40~80cm	放置场所 / 向阳处至半背阴处

本页介绍的是常见的朱顶红大花品种，是专门为了在冬季的室内栽培而培育的。这类品种的球根硕大、饱满，已做过促进开花的处理，所以栽种后 2~3 个月就可以开花。园艺店也出售种植在育苗杯中的朱顶红，买回后直接种下即可，非常方便。朱顶红开花之后，会长出较大的叶子，根系也开始旺盛生长，所以开花之后应将其移栽到较大的花盆中。朱顶红不耐寒，冬季需要放在室内照看。

	生长						休眠					
1	2	3	4	5	6	7	8	9	10	11	12
	开花								种植		

* 第 2 年起，养护月历可参照 P111 的杂交朱顶红

朱顶红在开花之前，根须生长较慢，所以在水杯中也可种植。

朱顶红开花之后，叶子和根须都会旺盛生长，需要将其移栽到较大的花盆里。

葱
Allium

科名 / 石蒜科

原生地 / 非洲、中亚等地区

耐寒性 / 强　　　　耐暑性 / 略弱

株高 /10~100cm　　放置所 / 向阳处

葱属植物在世界范围内共有 700 多个品种。其中适合花盆种植的是单叶葱、那布勒斯韭等，它们的植株较小，可绽放白色、粉色、黄色等可爱的小花。葱属植物喜欢日照充足的环境，以及排水性良好的土壤。叶子枯萎，植株进入休眠期后，需要减少浇水量，将花盆放在半背阴的场所。葱属植物在春季容易遭受蚜虫侵害，需要注意防治。

			生长			休眠					
1	2	3	4	5	6	7	8	9	10	11	12

开花　　　　　　　　　　种植

5 月份的阳台花园中盛开着花葱和谷鸢尾，众多花朵相继开放。从左上角起，顺时针方向分别为：聂威葱、蓝壶韭、窄叶葱"优雅美人（Graceful Beauty）"、黑韭"粉色珠宝（Pink Jewel）"、单叶葱"厄洛斯（Eros）"、波斯葱、绿花谷鸢尾、蓝壶韭"粉钻（Pink Diamond）"。

花葱"粉扑（Powder Puff）"的众多小花聚集成一个花球，非常可爱。

花葱"红色莫西干（Red Mohican）"的花形独特，花色也引人注目。

小型多花性花葱"卡默莱昂"的花朵小巧精致，随着时间推移，花色还会稍稍变化。

单叶葱"厄洛斯"，明亮的粉色花朵层叠聚集，十分美观。

那布勒斯韭的白色小花非常精致，是颇受欢迎的插花素材。

波斯葱淡淡的紫红色小花聚在一起开放。

花葱"银泉（Silver Springs）"绽放众多白色小花，花朵中央是醒目的紫红色。

窄叶葱"优雅美人"的洁白花瓣与薰衣草色花蕊的搭配很迷人。

51

哨兵花

Albuca

科名 / 天门冬科	原生地 / 南非等地区
耐寒性 / 普通	耐暑性 / 略弱
株高 /5~15cm	放置场所 / 向阳处至半背阴处

哨兵花原产于南非，像钢丝球一样卷曲的细长叶子是其最大的特征。哨兵花需要在通风良好、日照充足的场所生长，否则它的叶子就会杂乱无章地乱长。春季，哨兵花长出粗壮的花葶，开放耀眼的黄色花朵。夏季叶子枯萎，植株进入休眠期后，要将花盆移到半背阴的场所，尽量少浇水。秋季，长出叶子后，再开始浇水。处于生长期的时候，定期施加一些液体肥料，植株长势会更好。

	生长			休眠						
1	2	3	4	5	6	7	8	9	10	11	12

开花　　　　　　　种植

螺弹簧草的细长、卷曲的叶子，为其聚拢了超高的人气。

螺弹簧草在春季开放的黄色花朵，十分醒目、可爱。

加拿大哨兵花的叶子不卷曲，但它很易于栽培，花朵数量也很多。

宽叶弹簧草的叶子是纵向卷曲的，魅力十足。

放置在屋外向阳处的宽叶弹簧草，叶子已经开始卷起，很美丽。

谷鸢尾

Ixia

科名 / 鸢尾科	原生地 / 南非等地区
耐寒性 / 略弱	耐暑性 / 略弱
株高 /30~60cm	放置场所 / 向阳处至半背阴处

谷鸢尾的细长花序上绽放许多花朵，花瓣外部与花朵中心的颜色对比鲜明，很吸引眼球。不同品种的谷鸢尾的花色有白色、粉色、黄色、紫色等，而绿色系的绿花谷鸢尾是最受欢迎的品种之一。冬季需要将谷鸢尾放置在光照充足、不结霜的场所。夏季要避开高温高湿的环境，选用排水性较好的土壤。谷鸢尾叶子枯萎，进入休眠期后，要减少浇水量，将花盆移到凉爽且半背阴的场所。

			生长				休眠					
1	2	3	4	5	6	7	8	9	10	11	12
				开花						种植	

谷鸢尾"全景（Panorama）"的花朵较大，白色的花朵上还点缀着浓重的粉色，是人气颇高的插花素材。

绿花谷鸢尾的花朵如同翡翠一样美丽夺目，笔者也禁不住想种植一盆。淡雅的清香也是绿花谷鸢尾的一大魅力。阴天的时候，花朵会闭合起来。

虎眼万年青

Ornithogalum

科名 / 百合科	
原生地 / 地中海沿岸、非洲等地区	
耐寒性 / 普通至强　耐暑性 / 普通至强	
株高 /10~20cm	
放置场所 / 向阳处至半背阴处	

虎眼万年青在春季绽放白色或奶油色的星形花朵。虎眼万年青（*Ornithogalum balansae*）、伞花虎眼万年青这两个品种易于种植、生命力顽强，在日本关东平原以西也可种植在庭院之中。虎眼万年青适合种植在光照充足或半背阴的场所，对土壤的要求也不苛刻。此外，原产于南非的曲叶虎眼万年青（*Ornithogalum thunbergii*）等品种，叶子外形非常独特，经常与多肉植物混栽在一起。

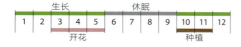

	生长						休眠					
1	2	3	4	5	6	7	8	9	10	11	12
		开花							种植		

虎眼万年青（*Ornithogalum balansae*）被种植在陶罐中（罐内铺设水苔），已经开出许多可爱的白色星形花朵。花期过后，叶子会长得更高更大，此时将其移栽到较大的花盆中，球根会变得更饱满，来年也会开放更多的花朵。

曲叶虎眼万年青原产于南非，它的细长卷曲的叶子，以及淡绿色的球根都十分可爱。曲叶虎眼万年青很容易长出子球。请注意保持良好的日照，否则叶子不卷曲。曲叶虎眼万年青的花朵很小，白色的小花上带有一抹绿色。

糠米百合

Camassia

科名 / 天门冬科	原生地 / 北美
耐寒性 / 强	耐暑性 / 强
株高 /20~30cm	放置场所 / 向阳处至半背阴处

糠米百合的花序又细又长，春季开放白色、浅蓝色、深蓝色等颜色的花朵。糠米百合易于成活、生命力顽强，一直种植在庭院中也没关系。糠米百合喜爱日照、通风良好的场所，但在半背阴的场所也能健康生长。初夏叶子枯萎，植株进入休眠期。糠米百合耐暑、耐寒性均非常强，几乎不用特意照料。生长初期施加一些肥料，将来开花的数量会增多。

		生长					休眠				
1	2	3	4	5	6	7	8	9	10	11	12

开花
种植

糠百合"蓝色旋律（Blue Melody）"的花朵比较小，蓝紫色的小花显得精美、通透。表面有一些黄色斑纹的叶子也十分美观。

大糠百合"蓝蜡烛（Blue Candle）"一串串明亮的天蓝色花朵魅力十足、惹人注目。花朵从下向上依次开放。

美菫莲
Cyanella

科名 / 蓝嵩莲科	原生地 / 南非等地区
耐寒性 / 普通	耐暑性 / 普通
株高 /20~50cm	放置场所 / 向阳处至半背阴处

原产于南非的美菫莲，是绽放可爱小花的小型球根植物。美菫莲的花色有白色、黄色、粉色、淡紫色等，大多数品种的叶子十分纤细，春季可以持续开花 1~2 个月。处于生长期的美菫莲需要保持日照充足。土壤干燥后请充分浇水。叶子枯萎，植株进入休眠期后，需要减少浇水量。银菫莲"粉红佳人（Pink）"易于成活，可以在不结霜的屋檐下越冬，可连续生长数年并且球根及花朵的数量不断增多。

银菫莲"粉红佳人"的花朵精巧可爱，花色由白色、粉色组成，开花时间比较长。银菫莲"粉红佳人"易于种植、生命力顽强，耐旱能力也较强。

兰花美菫莲的淡紫色小花，非常类似于小型兰花，可以持续开放 2 个月左右。兰花美菫莲比较喜爱弱碱性的土壤。

曲管花
Cyrtanthus

科名 / 石蒜科	原生地 / 南非等地区
耐寒性 / 略弱	耐暑性 / 普通
株高 /20~30cm	放置场所 / 向阳处

曲管花原产于南非，其管状小花外形独特。花色有白色、黄色、粉色等，叶子细长。曲管花会从早春开始开花，花期较长，花朵散发出浓郁的香味。生长期需要保持日照充足，土壤干燥后请充分浇水，夏季进入半休眠期之后减少浇水量。冬季把曲管花放置在不结霜的屋檐下就可使之轻易越冬。种植后无须过多管理也可自然繁殖，开放越来越多的花朵。

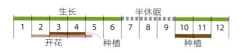

垂筒花"白"生命力顽强、易于种植，它的白色花朵可长时间开放。

垂筒花"粉（Pink）"的花朵可保持较长的时间，是颇受欢迎的插花素材。

唐菖蒲（*Gladiolus orchidiflorus*）的花形、花色极具观赏效果，它散发出的芳香也颇具魅力。

唐菖蒲"朱庇特"的花朵轮廓清晰，花朵上的两种颜色交相辉映。

唐菖蒲

Gladiolus

科名 / 鸢尾科	原生地 / 南非等地区
耐寒性 / 略弱	耐暑性 / 略弱
株高 /30~80cm	放置场所 / 向阳处

一般常说的唐菖蒲指春季种植，夏季绽放华丽花朵的那些品种。但本书中介绍的是秋季种植，来年春季开花的保留原种面貌的一系列唐菖蒲。这些品种喜爱弱碱性的土壤，所以种植前可以向土壤中掺加一些苦土石灰。冬季可以把唐菖蒲放置在不结霜的场所，或用遮阳网防寒。放置的场所还需有充足的日照。土壤干燥后及时浇水。

	生长					休眠					
1	2	3	4	5	6	7	8	9	10	11	12
		开花							种植		

灰白唐菖蒲"同色（Concolor）"属于原种的唐菖蒲，这种花卉易于种植，生命力顽强。

唐菖蒲"星河（Galaxian）"的花朵有两种主色调，外观华丽精美。

唐菖蒲"雾中玫瑰（Misty Rose）"的花朵数量较多，暗紫色的花色也很典雅。

番红花

Crocus

科名 / 鸢尾科	原生地 / 地中海沿岸等地区
耐寒性 / 强	耐暑性 / 强
株高 /6~15cm	放置场所 / 向阳处

番红花是有代表性的小型球根植物，春季开花，有开花较早的金黄番红花，也有入春一段时间才开花的春番红花等。在精致小巧的花盆中，集中种植数株番红花，开花后可呈现出缤纷华丽的效果。番红花也比较容易成活，很适合水培。花期过后，可将球根移栽到花盆中，搭配排水性较好的土壤，让球根重新变得饱满。叶子枯萎，植株进入休眠期后，要减少浇水量。

	生长					休眠						
	1	2	3	4	5	6	7	8	9	10	11	12

开花　　　　　　　　　　　　种植

渐变番红花"巴尔的紫衣（Barr's Purple）"被种植在铁制的灯笼形容器内，容器底部开了个排水孔。

对球根瓶稍加装饰，然后将春番红花"花之纪念"、春番红花"匹克威克"种植在里面。长出根须之前，要将球根瓶放在阳台的角落等阴暗的场所。

这是种植在花盆里的春番红花"匹克威克"。使用水苔代替了土壤。

使用球根瓶水培种植番红花

需要准备的物品

小型球根专用的球根瓶3个、装饰胶带（文具）、剪刀、量杯

● 球根　番红花的球根　3 个（品种不同）

操作步骤

1 用剪刀剪取一段装饰胶带，长度与球根瓶的瓶口周长相同。

2 将装饰胶带贴在球根瓶的瓶口上，使胶带上端与瓶口上端对齐。

3 用量杯向装饰过的球根瓶内注水，水位到达球根瓶的"脖颈"位置即可。

4 把 3 个番红花的球根放在球根瓶中，使球根略尖的一端向上。球根的底部需要接触到水。

▌开花之前的管理

把球根瓶放在纸箱中，然后放置在能够遮风挡雨的阳台内、屋檐下，或者没有暖气的房间 1.5 个月左右。每隔一段时间进行换水。长出根须之后，需要下调水位，让球根底部接触不到水。发芽之后，将球根瓶移到日照充足的场所。

← 水位维持在这里

金黄番红花"奶油美人"

春番红花"水晶黑（Crystal Black）"

金黄番红花"白小姐（Miss Vain）"

酒杯花
Geissorhiza

科名 / 鸢尾科	原生地 / 南非
耐寒性 / 略弱	耐暑性 / 普通
株高 /20~30cm	放置场所 / 向阳处至半背阴处

酒杯花是原产于南非的一种小型球根植物，有 80 多个原种，花色分别为白色、红色、黄色、粉色、紫色等。与鸢尾科的其他许多植物相同，酒杯花的叶子也非常小巧、纤细，适合在花盆中种植。选用排水性较好的土壤，将花盆放在日照充足的场所。酒杯花比较怕冷，冬季要注意防冻。叶子枯萎，植株进入休眠期后，要停止浇水，将花盆放在半背阴的场所。

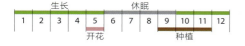

	生长					休眠					
1	2	3	4	5	6	7	8	9	10	11	12
		开花							种植		

酒杯花（*Geissorhiza tulbaghensis*）的花瓣洁白淡雅，外部为白色到奶油色，花朵的中心则是醒目的暗紫色。

独秀花
Gethyllis

科名 / 石蒜科	原生地 / 南非等地区
耐寒性 / 略弱	耐暑性 / 普通
株高 /5~20cm	放置场所 / 向阳处到半背阴处

独秀花是原产于南非的一种球根植物，包括蚊香弹簧草（*Gethyllis linearis*）等小型品种，以及大花香果石蒜等大型品种。独秀花的叶子极具特色，所以它们也是一种广受欢迎的多肉植物。独秀花生长较慢，植株不算高大，很适合在花盆里种植。生长期的时候，要将花盆放在室外向阳处，保持土壤略微干燥。独秀花喜欢通风良好的环境，如果在湿度较高的室内种植，叶子形状可能会变得凌乱。进入休眠期后，要少浇水，把花盆放在半背阴的场所。

	生长					休眠					
1	2	3	4	5	6	7	8	9	10	11	12
				开花					种植		

蚊香弹簧草是一种颇受欢迎的小型球根植物。它的叶子造型独特，卷曲着向上盘旋。休眠期之前会开放白色到粉色的小花。进入休眠期后，地表部分会枯萎。

丝叶苍角殿

Schizobasis intricata

科名 / 天门冬科	原生地 / 南非
耐寒性 / 普通	耐暑性 / 普通
株高 /5~20cm	
放置场所 / 向阳处至半背阴处	

丝叶苍角殿的球根圆滚滚的，从中间伸出纤细的藤蔓，藤蔓一边分叉一边向上生长。这种个性十足的外观，令众多园艺爱好者无比喜爱。种植时需要选用排水性较好的土壤，并让土壤保持略微干燥。春季，丝叶苍角殿会绽放众多微型的小花，同样惹人喜爱。生长期的时候，要保持日照、通风良好。丝叶苍角殿比较惧怕夏季的高温、直射阳光，夏季需要把花盆移到半背阴的场所，并用遮阳网降低日照强度，此外还要少浇水。

			生长				休眠					
1	2	3	4	5	6	7	8	9	10	11	12
			开花						种植		

到了秋季，丝叶苍角殿从休眠期苏醒，开始长出藤蔓。

一直生长到来年春季，丝叶苍角殿的球根已经像洋葱一样圆润饱满。纤细的藤蔓顶端长着众多微型的花蕾和花朵。

蓝槐花
Scilla

科名 / 天门冬科	原生地 / 地中海沿岸等地区
耐寒性 / 强	耐暑性 / 普通
株高 /5~20cm	放置场所 / 向阳处至半背阴处

蓝槐花是一类可爱的小型球根植物，春季开花，常见的品种有西伯利亚垂瑰花、蓝瑰花等，花色主要为白色、蓝色等。伊朗绵枣儿可以搭配水苔、水培球等辅助材料水培种植。花期过后，可将植株移栽到花盆中，选用排水较好的土壤，让球根休养生息。叶子枯萎，植株进入休眠期后，要减少浇水量。

	生长				休眠						
1	2	3	4	5	6	7	8	9	10	11	12
		开花							种植		

种植之后将塑料盒放在室外阴暗处，每隔一段时间换一次水。球根发芽后，将盒子移到屋檐下等光照良好的场所。

3月下旬
长出花蕾

曾经用来装蛋糕的塑料盒成了水培容器，水培种植蓝槐花。在盒子内放入一些水培球，橙色的水培球将蓝色的小花衬托得愈发可爱。

使用植物球种植蓝槐花

需要准备的物品

透明的塑料盒 2 个、水培球、浇水壶

● 球根　蓝槐花的球根　12 个

操作步骤

1 向塑料盒内加入水培球，使之达到 2~3cm 深，为将来长出根须留出空间。

2 这里用的蓝槐花品种的球根较难区分上下。仔细分清上下后将球根摆放在水培球上。

3 向球根之间，以及球根与塑料盒壁之间加入水培球，让球根被水培球包裹。

水位
保持在这里 →

4 向塑料盒内注水。长出根须之前，需保持球根的底部恰好接触到水面。长出根须之后，需要下调水位。每周换 1 次水。

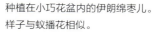

种植在小巧花盆内的伊朗绵枣儿。样子与蚁播花相似。

这是种植在陶罐内的蓝槐花，罐内填充的是水苔。

西伯利亚垂瑰花的蓝色花朵，十分清新醒目。这里在一个小花盆内集中种植了数株。

水仙

Narcissus

科名 / 石蒜科	原生地 / 地中海沿岸等地区
耐寒性 / 强	耐暑性 / 普通
株高 /10~50cm	
放置场所 / 向阳处至半背阴处	

水仙是一种人们十分熟悉的球根花卉，每年春季开花。水仙的花色丰富，有开白花、黄花、橙色花等的众多品种，花朵芳香宜人。水仙很容易种植，也是颇受欢迎的插花素材。经过不断的品种改良，水仙的品种越来越丰富。重瓣水仙系、喇叭水仙系等生命力较强的品种，可进行水培种植。花期过后，可将水仙移栽到花盆中，搭配排水性较好的土壤，把花盆放在日照充足的场所，让球根休养生息。当水仙叶子枯萎，植株进入休眠期后，要尽量少浇水。

生长					休眠						
1	2	3	4	5	6	7	8	9	10	11	12
	开花								种植		

在鸡尾酒专用的细长玻璃杯中，放入水苔，种植了水仙"白狮（White Lion）"。细长而简洁的玻璃杯，搭配亭亭玉立的水仙，整体造型优雅、协调。淡黄色的花朵华丽饱满，格外引人注目。

水仙"塔利亚（Thalia）"也是颇受欢迎的品种，晶莹剔透的白色花朵，优雅的花形都是其魅力所在。

水仙"帕尔马雷斯"的花朵很有特色，白色的大花中央，是三文鱼粉色的副花冠。

水仙"自由星"的花朵精美艳丽，副花冠呈现淡雅的柠檬黄色，还略有褶皱。

这是花朵大小适中，花朵外形精美的水仙"甜爱"。

水仙"铃铛之歌（Bell Song）"的花朵大小适中，数量众多，花朵中央是可爱的浅橙色。

原种系水仙

Narcissus

科名 / 石蒜科	原生地 / 地中海沿岸等地区
耐寒性 / 强	耐暑性 / 普通
株高 /10~30cm	
放置场所 / 向阳处至半背阴	

这一类水仙具有山野花草一样淳朴的外观。因为原种系水仙在进行品种改良时，保持了原种的外观。围裙水仙、绿花水仙、西班牙水仙等是原种系水仙的代表品种，外观独特的花朵是它们最大的魅力。使用排水性良好的土壤，可令这类水仙健康生长。围裙水仙的花朵比较柔软，开花时遇到强风的天气，花朵有可能受伤。

为装饰效果极佳的藤条花篮铺设一层塑料布，然后在里面种植开淡黄色花朵的围裙水仙"朱莉亚·简（Julia Jane）"。自然清新的气息扑面而来。

用水培陶粒
种植原种系水仙

需要准备的物品

水桶、水培陶粒、装饰效果较好的藤条花篮（内部有塑料布）、
浇水壶、滤网、勺子、沸石

● 球根　围裙水仙"朱莉亚·简"的球根　10 个

操作步骤

1 水培陶粒的表面往往附有尘土和污垢，需要将其放入水桶中清洗，并且让水培陶粒充分吸水。

2 沸石有净水、抑制细菌繁殖的作用，在花篮底部铺一些沸石（将花篮底部盖住即可）。

3 清洗之后的水培陶粒，用滤网稍微滤除水分，然后放入花篮中。水培陶粒达到花篮深度的 2/3 即可。轻轻抚平表面。

4 在水培陶粒上放置球根。摆放时请注意，使球根稍尖的一端向上。

5 添加水培陶粒。不用加得太多，将球根盖住就可以。

6 用浇水壶向花篮内浇水。球根长出根须之前，需保持水位接触到球根的底部。长出根须之后，需要下调水位。

图中的是西班牙水仙的园艺品种"哈维拉"，柠檬黄色的纤细花朵非常醒目。

绿花水仙的花色是罕见的绿色，反向伸展的花瓣也很独特。

这是长寿水仙的园艺品种"新生儿"，纤细的叶子搭配可爱的黄色小花。

雪滴花

Galanthus

科名 / 石蒜科	原生地 / 地中海沿岸等地区
耐寒性 / 强	耐暑性 / 普通
株高 /10~20cm	放置场所 / 半背阴处

雪滴花开花便宣告春天来临了。一朵朵精美的白花悬垂于纤细的花葶顶端。雪滴花喜欢排水性较好的土壤，以及半背阴的场所。雪滴花进入休眠期的时间较早，进入夏季以后地表部分枯萎，只剩下土壤中的球根过夏。休眠期不要让球根过于干燥，需要时不时地浇一些水。雪滴花不易分球繁殖，但生长期的时候施加一些稀释的液体肥料，会有利于植株的生长。

生长				休眠							
1	2	3	4	5	6	7	8	9	10	11	12
	开花								种植		

将雪滴花种植在圆环形状的花篮中，土表面用水苔覆盖，整体看上去春意盎然。整个花篮非常轻便，可摆在自己喜爱的场所，欣赏优美的花朵。

把雪滴花种植在圆环形的花篮内

需要准备的物品

圆环形的花篮（内部有纤维材质的内衬）1 个、水苔、花草专用的培养土、勺子、浇水壶

● **球根** 雪滴花的球根 18 个

操作步骤

1 用勺子向花篮中加入培养土，不用加太多，盖住底部即可。

2 在土上摆放球根，使球根稍尖的一端向上。球根可以摆放得紧密一些，将来开花后效果更佳。

3 添加培养土，并填满所有缝隙。

4 用浇水壶浇水。每次浇少量，反复浇多次，直到水从纤维内衬下方稍微渗出。

5 把水苔浸到水中，放置 15min，让水苔充分吸水。使用时用手挤出多余的水分。

6 把泡好的水苔撕成小块，覆盖在土上。把培养土遮挡住即可。

7 把种好的花篮放置在水槽中，令其浸在水中 30min 左右，让纤维内衬下方也吸水。

把景天、雪滴花混合种植在铁皮罐子里。

图中的是大雪滴花，绿色、白色相间的花朵十分精美。

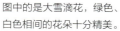

魔杖花
Sparaxis

科名 / 鸢尾科	原生地 / 南非
耐寒性 / 略弱	耐暑性 / 普通
株高 /15~60cm	放置场所 / 向阳处至半背阴处

魔杖花是一种原产于南非的半耐寒性的小型球根植物，花色有白色、红色、粉色、橙色、黄色、紫色等，此外复色的三色魔杖也颇受欢迎。冬季需要将魔杖花摆放在不结霜的场所，并且保持日照良好。魔杖花比较惧怕夏季的高温高湿环境，土壤需保持排水良好。叶子枯萎，植株进入休眠期后，需要少浇水，并把花盆移到半背阴的场所。

			生长				休眠				
1	2	3	4	5	6	7	8	9	10	11	12
			开花						种植		

绒毛魔杖花的小花包含白色、黄色、紫色 3 种颜色。绚丽的色彩、精巧的花形，如同欢快飞舞的小蝴蝶。

西风莲
Zephyra

科名 / 蓝嵩莲科	原生地 / 南美
耐寒性 / 普通	耐暑性 / 普通
株高 /20~40cm	放置场所 / 向阳处至半背阴处

西风莲原产于南美的智利，可以开放淡蓝色的优雅小花，花朵直径为 3~4cm。阳光照在花瓣上面，花瓣会发出亮晶晶的光泽，此外清新的花香也十分宜人。西风莲处于生长期时，需要保持充足的日照，土壤干燥后请充分浇水。叶子枯萎，植株进入休眠期后，需要减少浇水量。冬季需要把西风莲放置在不结霜的场所，夏季则需放在半背阴的场所。

			生长				休眠				
1	2	3	4	5	6	7	8	9	10	11	12
			开花						种植		

西风莲娇柔、纤细的外形，以及略带褶皱的淡蓝色小花十分精美。这里使之与景天等多肉植物一起混栽在花盆中。

郁金香

Tulipa

科名 / 百合科	原生地 / 中亚、北非等地区
耐寒性 / 强	耐暑性 / 普通
株高 /15~70cm	放置场所 / 向阳处

若说春季开花的球根植物中知名度最高的，当属郁金香。目前全世界的郁金香品种已经超过了 1000 种。根据开花时期，郁金香可分为早开品种、中开品种、晚开品种。而花形除单瓣、重瓣外，还分百合形、褶皱形等多种类型。郁金香喜爱光照良好的环境，种植时最好使用排水性良好的土壤。种植前可以将球根表层茶褐色的外皮剥除，这样球根更容易发芽。

		生长				休眠					
1	2	3	4	5	6	7	8	9	10	11	12

开花　　　　　　　　　　种植

郁金香"白色旗帜（White Flag）"很容易成活，花朵较大，单层花瓣的白色花朵非常醒目。

重瓣的郁金香"魅力美人（Charming Beauty）"，花色是清新的浅橙色。

玻璃杯、玻璃球很容易透光，所以使用一个黑色的纸筒罩住玻璃杯，有助于球根长出根须。

玻璃杯里面装满了磨砂玻璃球，将小型的郁金香"多伦多（Toronto）"种植在里面，摆在窗台上十分美观。

随着花朵的开放，郁金香"美丽趋势（Beauty Trend）"的花色逐渐变成浓重的粉色。

鲜红的花瓣外围有一圈白色的镶边，郁金香"荷兰设计（Dutch Design）"极具视觉冲击力。

造型复古的玻璃容器内，种植外观华丽、重瓣的郁金香"重瓣内格里塔"。小砾石的颜色和花朵的颜色很相配。左侧是叶子上有条纹的郁金香"快乐新星"。

使用小砾石
在玻璃容器内种植郁金香

需要准备的物品
玻璃容器 2 个、小砾石、沸石、勺子、量杯

● 球根　郁金香"重瓣内格里塔"的球根　2 个
　　　　郁金香"快乐新星"的球根　3 个

操作步骤

1 沸石具有净化水质的作用。先向玻璃容器底部加入 2~3 勺沸石，可保证水质不易腐败。

2 郁金香的根须较长，所以需要选用较深的容器，而且小砾石也需多放一些，以确保郁金香有足够的空间伸展根须。小砾石还需要事先清洗，洗掉表面的污垢。

3 种植郁金香的球根之前，最好将球根表面的薄皮剥掉，这样有助于球根发芽，并让郁金香在同一时期开放。

4 把球根（略尖的一端向上）摆放在小砾石上面。

5 用勺子向球根上面添加小砾石，球根和容器间的缝隙也要填满，一直覆盖到几乎将球根遮住。

6 向容器内加水，让水面接触到球根的底部。每周换 1 次水。球根长出根须后，需要下调水位。

叶子上有条纹的郁金香"快乐新星"。

重瓣的郁金香"重瓣内格里塔"。

原种系郁金香

Tulipa

科名 / 百合科　　原生地 / 中亚、北非等地区
耐寒性 / 强　　耐暑性 / 普通
株高 / 6~30cm
放置场所 / 向阳处至半背阴处

原种系郁金香大多外观比较淡雅、植株比较小，很适合在花盆中种植。与植株较大的园艺品种郁金香相比，原种系郁金香比较容易种植，种下后可以连续数年都开花。原种系郁金香喜爱日照充足的环境，以及排水性良好的土壤或辅助材料。叶子枯萎，植株进入休眠期后，需要少浇水，将花盆移到半背阴的场所。休眠期结束，进入生长期后再开始浇水。

		生长					休眠				
1	2	3	4	5	6	7	8	9	10	11	12
			开花							种植	

在汤盘中加入沸石、多肉植物专用的培养土，然后在里面种植原种系的克里特郁金香"希尔德"。土壤表面添加了一层水苔，整体外观既清新又醒目。

使用沸石、水苔、多肉植物培养土在汤盘中种植原种系郁金香

需要准备的物品

汤盘、多肉植物专用的培养土、沸石、水苔、铲土杯、勺子、量杯

● 球根　克里特郁金香"希尔德"的球根 4个

操作步骤

1 沸石具有净化水质的作用。向汤盘底部加入沸石，直到将底部覆盖。这样可确保水质不腐败，并预防球根烂根。

2 在沸石上面铺一层培养土，能将沸石盖住即可。

3 均匀摆放郁金香的球根，使其略尖的一端向上。

4 在球根上面添加培养土，直到球根几乎全部被埋住。球根和汤盘之间的缝隙也要填均匀。

5 将水苔放到水中，使之充分吸水。然后挤压水苔，去除多余的水分，将水苔均匀地铺在培养土表面。

6 向汤盘内加水，让水面接触到球根底部即可。每周换 1 次水。球根长出根须后，需要下调水位。

矮花郁金香"蓝瞳（Alba Coerulea Oculata）"白色花朵的中心部分是醒目的深蓝色。所以这种郁金香也被称作"蓝心郁金香"。这里在郁金香周围还混合种植了 3 种不同种类的景天。

左侧的是淑女郁金香"珍妮女士（Lady Jane）"，花朵中融合了白色、粉色，带来温馨的氛围。右侧的是金花克鲁斯郁金香，简洁精致的花朵由黄色、红色、橙色等明亮色系组成。

精美的玻璃花瓶中，种植着外观清秀的淑女郁金香"星形（Stellata）"。花瓶中的小砾石的颜色与花色非常协调。

玻璃花瓶中加入了水培陶粒，种植着林生郁金香。明亮的黄色花朵最适合装饰在门口、窗台等场所。

矮花郁金香"小人国"的花朵色彩浓郁，浓厚的红色花朵中心是暗紫色。这里用两个连在一起的搪瓷小碗作为容器，碗里铺满了水苔。

方形的玻璃杯内加入了水苔，里面种植着郁金香"闪亮宝石（Bright Gem）"。

蓝壶韭

Dichelostemma

科名／天门冬科	原生地／北美
耐寒性／普通	耐暑性／普通
株高／40~70cm	
放置场所／向阳处至半背阴处	

蓝壶韭原产于北美，园艺店中比较常见的蓝壶韭品种是花朵形状类似铃铛的红瓶韭，以及其园艺品种。此外，盛开着淡紫色小花的蓝壶韭（*Dichelostemma congestum*）也比较常见，适合在花盆里种植，在日本关东平原以西的地区也可全年在室外种植。蓝壶韭喜爱日照充足的场所，以及排水性较好的土壤。叶子枯萎，植株进入休眠期后，要少浇水，把花盆移到半背阴的场所。

							生长				休眠						
1	2	3	4	5	6	7	8	9	10	11	12

开花　　种植

在 5 月的"阳台花园"中盛开的蓝壶韭。可以使用多肉植物或花草专用的培养土进行种植，生长期的时候要勤浇水。

4月中旬
长出花蕾

右图中的是红瓶韭的园艺品种"粉钻（Pink Diamond）"，它种植在花盆中，表面用水苔装饰。

花朵就像一个个小铃铛，让人忍不住想俯身细细观看。

5月上旬
开花

粉色的小花，集中开放在细长的花葶顶端。开花期间要注意勤浇水。

蓝蒿莲

Tecophilaea

科名 / 蓝蒿莲科	原生地 / 南美
耐寒性 / 普通	耐暑性 / 普通
株高 /5~15cm	
放置场所 / 向阳处至半背阴处	

蓝蒿莲原产于南美的智利，花朵呈现美丽的蓝色，所以也被称为"安第斯的蔚蓝之星"。许多球根植物开出的花朵会在傍晚闭合，但蓝蒿莲在夜晚也持续开放，散发出淡淡的清香。处于生长期的时候，要保持日照充足，土壤干燥后充分浇水。叶子枯萎，植株进入休眠期后，要减少浇水量。冬季将花盆放在不结霜的屋檐下，夏季将花盆放在半背阴的场所。

生长				休眠							
1	2	3	4	5	6	7	8	9	10	11	12
	开花								种植		

用绿色的大灰藓铺成一片草坪，数株蓝蒿莲"莱希特利尼（Leichtlinii）"在里面聚集成华丽的花丛。

堇花蓝蒿莲的可爱小花，外形类似堇菜，但颜色是醒目的蔚蓝色。可种植在小花盆中精心照料。

丛尾草

Trachyandra

科名 / 阿福花科	原生地 / 南非
耐寒性 / 略弱	耐暑性 / 略弱
株高 /5~20cm	放置场所 / 向阳处至半背阴处

丛尾草是原产于南非的一种外观独特的球根植物，其中最受欢迎的品种是海带弹簧草，它的波浪般弯曲的叶子让人过目难忘。需要注意的是，如果生长环境的日照、通风效果不佳，海带弹簧草叶子就无法长成波浪状。春季植株长出花序，但花朵很小。夏季植株进入休眠期，叶子枯萎，需要将花盆移到半背阴的场所，减少浇水量。到了秋季再次长出叶子后，再开始增加浇水量。

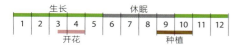

在室外培育，保持日照和通风良好，海带弹簧草的叶子就可呈现独特的外形。

银桦百合

Drimia

科名 / 天门冬科	原生地 / 南非
耐寒性 / 略弱	耐暑性 / 普通
株高 /5~15cm	放置场所 / 向阳处至半背阴处

银桦百合属的球根植物原产于南非，不同种类的外观也各具特色。例如，外观与十二卷非常相似的鹰爪银桦海葱，圆润的叶子匍匐于地表的宽叶海葱等。银桦百合处于生长期的时候，需要在室外接受充足的光照，土壤最好保持略微干燥。这类球根植物喜爱排水性较好的土壤，以及通风良好的环境。进入休眠期后，需要将花盆移到半背阴的场所，并且减少浇水量。

图中银桦百合原种的外观可爱，叶子非常纤细，球根也像洋葱一样圆润饱满。它生长较为缓慢，需要在花盆中耐心培育。春季会长出纤细的花序，开出很小的花朵。

无味韭

Triteleia

科名 / 天门冬科	原生地 / 北美
耐寒性 / 普通	耐暑性 / 普通
株高 /30~70cm	放置场所 / 向阳处至半背阴处

无味韭属的植物大多开放纤细的星形花朵，花色有蓝色、白色、粉色等。其中无味韭（*Triteleia laxa*）及其园艺品种的知名度较高，是颇受欢迎的插花素材。无味韭属的植物喜爱光照充足的环境，以及排水性较好的土壤。叶子枯萎，植株进入休眠期后，需要减少浇水量，将花盆移到半背阴的场所。冬季霜冻会伤到球根，需要将花盆移到较温暖的场所，或者使用遮阳网保温。

	生长						休眠					
1	2	3	4	5	6	7	8	9	10	11	12
				开花					种植		

这是 5 月的阳台花园中的景象，从左上开始顺时针依次是：花葱"粉扑"、无味韭（*Triteleia peduncularis*）、无味韭"巴比伦（Babylon）"、粗壮葱莲、无味韭"鲁迪（Rudy）"、无味韭"罗西（Rosie）"、无味韭"水瓶座（Aquarius）"。

无味韭"水瓶座"是人们瞩目的焦点，它重瓣的蓝紫色花朵格外引人注目。

无味韭"巴比伦"开细长的粉色大花，既精美又华丽。

无味韭（*Triteleia peduncularis*）属于小型球根植物，白色小花的外形非常清新、精美。

无味韭"鲁迪"的星形花朵，呈现略带透明感的淡蓝色，十分迷人。

无味韭"罗西"的花朵色彩典雅，紫色中带有粉色。由于植株比较高大，需要选用厚重一些的花盆，防止植株长高后倾倒。

瓶鸢花

Herbertia

科名 / 鸢尾科	原生地 / 南美
耐寒性 / 普通	耐暑性 / 强
株高 /5~10cm	放置场所 / 向阳处

瓶鸢花的花朵是紫色的，类似螺旋桨形状的3个花瓣非常可爱，花朵的中央还有白色及深紫色的美丽花纹。瓶鸢花的花朵早上开放、傍晚凋谢，只能绽放一天，但会不断开出新花。如果用花盆种植，可以在花盆中密集种植数株，开花后效果华丽。瓶鸢花喜爱排水性较好的土壤，在日照充足的环境中长势最佳。叶子枯萎，植株进入休眠期后，要减少浇水量，但不要让土壤完全干燥，否则会影响植株生长。

	生长					休眠					
1	2	3	4	5	6	7	8	9	10	11	12
			开花						种植		

这是在小花盆中种植的瓶鸢花。这类植物喜爱日照充足的环境，如果环境适当，掉落的种子也很容易发芽生长。

春星韭

Ipheion

科名 / 石蒜科	原生地 / 南美
耐寒性 / 普通	耐暑性 / 强
株高 /10~25cm	放置场所 / 向阳处至半背阴处

春星韭属于石蒜科的植物，所以触摸其叶子、茎之后，手上会有一种类似葱蒜的味道。春星韭生命力顽强，开放星形的花朵，花色主要有白色、粉色、蓝色。无论是在日照充足的场所，还是半背阴的场所，春星韭都能很好地适应。并且春星韭比较耐旱，对土壤的要求也不高。用花盆种植时，叶子枯萎，植株进入休眠期后要少浇水，并把花盆移到半背阴的场所。春星韭的生命力旺盛，生长比较迅速，所以在根部发生缠绕前应将其移栽到较大的花盆中。

	生长					休眠					
1	2	3	4	5	6	7	8	9	10	11	12
		开花							种植		

春星韭"粉星（Pink Star）"的粉色花朵精巧可爱。它在较小的花盆中也很容易生长。

将 3 种春星韭混栽在一起，色彩缤纷的花朵带来更高层次的视觉享受。深紫色的是春星韭"罗尔夫·菲德勒（Rolf Fiedler）"，粉色的是春星韭"粉星"，清爽白色的则是春星韭"白星"。

春星韭种在院子里，同样能够茁壮成长，每年春季绽放出一丛丛美丽的花朵。

狒狒草

Babiana

科名／鸢尾科	原生地／南非
耐寒性／略弱	耐暑性／普通
株高／20~30cm	放置场所／向阳处至半背阴处

狒狒草属的植物是原产于南非的小型球根植物，不同品种的花色有白色、红色、黄色、粉色、紫色、复色等。狒狒草属的植物之中，较知名的有花色艳丽的红蓝狒狒草，以及常被用作插花素材的狒狒草等。种植时最好使用排水性较好的土壤，并将花盆放在日照良好的位置。狒狒草属的植物比较怕冷，冬季需要注意防冻。叶子枯萎，植株进入休眠期之后，要停止浇水，把花盆移到半背阴的场所。

	生长				休眠						
1	2	3	4	5	6	7	8	9	10	11	12
		开花						种植			

狒狒草（*Babiana odorata*）的花朵非常精美，柠檬黄色的花朵中央有一抹蓝色。将其种植在瘦高的花盆内，充分展现细长叶片及花朵的优美姿态。

狒狒草（*Babiana cedarbergensis*）的纤细叶子与淡紫色的花朵，搭配得恰到好处。

白花狒狒草的花朵，就像飞舞的白色蝴蝶一样精致迷人。

狒狒草（*Babiana pygmaea*）的花朵硕大，香气宜人。

长筒鸢尾

Freesia laxa

科名 / 鸢尾科	原生地 / 南非
耐寒性 / 普通	耐暑性 / 普通
株高 /10~30cm	放置场所 / 向阳处

长筒鸢尾是一种原产于南非的球根植物，生命力顽强，在较温暖的地区依靠掉落的种子就能发芽生长。长筒鸢尾的植株不算高大，所以很适合在花盆中种植。处于生长期的时候，需要将花盆放在屋外光照充足的场所，土壤干燥后要充分浇水。进入休眠期之后，则要减少浇水量，到了 10 月再逐渐多浇水。

	生长					休眠						
1	2	3	4	5	6	7	8	9	10	11	12

开花　　　　　　　种植

魔星兰

Ferraria crispa

科名 / 鸢尾科	原生地 / 南非
耐寒性 / 普通	耐暑性 / 普通
株高 /30~60cm	放置场所 / 向阳处

魔星兰原产于南非。花朵极具特点，花朵边沿凹凸不平、形状不规则，花色也是极具个性的茶色及土黄色。进入花期后，每天早上开花，傍晚凋谢。处于生长期时，需要将花盆放在屋外光照充足的场所，土壤干燥后充分浇水。进入休眠期后，要减少浇水量，到了 10 月再逐渐多浇水。冬季需要注意防冻，可将花盆移到屋檐下，或用遮阳网防冻。

	生长					休眠						
1	2	3	4	5	6	7	8	9	10	11	12

开花　　　　　　　种植

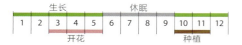

魔星兰的叶子纤细挺拔，花朵虽然绽放一天就会凋谢，但会不断开出新花。花朵的色彩以茶色和土黄色为主。

风信子

Hyacinthus

科名 / 天门冬科	
原生地 / 地中海沿岸等地区	
耐寒性 / 强	耐暑性 / 强
株高 /15~20cm	放置场所 / 向阳处

风信子很容易在花盆里种植，也很容易水培种植，它开放的花朵香气浓郁，是一种颇受欢迎的球根植物。不同种类的风信子的花色也很丰富，有白色、粉色、黄色、紫色等。风信子的耐寒性很强，在寒冷地区也可在室外种植。如果进行水培种植，最初的 1 个月要将其摆放在10℃以下的阴暗场所，发芽之后再移到窗边等日照充足的场所。花期之后，可将水培的风信子移栽到花盆中养护，这样第二年还可以再开花。

生长					休眠						
1	2	3	4	5	6	7	8	9	10	11	12
		开花							种植		

下图中右侧的是浅橙色的风信子"奥德修斯"，被种植在玻璃吊桶之中。玻璃吊桶里填充了颗粒土。浅橙色的花朵搭配橙色的颗粒土，观赏性更上一个层次。左侧的则是水培种植的风信子"蓝夹克"。

水培种植球根植物时，用球根瓶作为容器，非常方便。上图中的就是在球根瓶里水培的风信子"蓝夹克"。球根瓶上部的小盘可以单独取下，方便换水。

使用颗粒土种植风信子

需要准备的物品
玻璃吊桶（直径为 12cm、深 13cm）、颗粒土（用水清洗，然后用滤网去除多余的水分）、勺子、沸石
● 球根　风信子"奥德修斯"的球根 3 个

操作步骤

1 沸石具有净水、抑制细菌繁殖的作用。向玻璃吊桶内加入沸石，将底部覆盖即可。

2 颗粒土需要先用水清洗，然后用滤网去除多余的水分。向玻璃吊桶内加入颗粒土，达到玻璃吊桶深度的 1/2 即可，然后轻轻抚平表面。

3 在颗粒土上摆放球根。请注意，球根略尖的一端向上。

4 向球根之间、球根与容器壁之间填充颗粒土，直到球根有一半被埋起来。

5 向玻璃吊桶内加水，水位刚好接触到球根的底部即可。当球根长出根须后，需要下调水位。

把风信子"粉珍珠"种植在铁皮罐内，土壤表面用水苔和小树枝装饰得精美自然。

风信子"黑暗维度（Dark Dimension）"的花色是浓重的黑紫色，颇具视觉冲击力。

蓝铃花
Hyacinthoides

科名 / 天门冬科	
原生地 / 地中海沿岸、非洲	
耐寒性 / 强	耐暑性 / 强
株高 /15~40cm	放置场所 / 向阳处至半背阴处

蓝铃花极易成活、生命力顽强，随意种植在庭院中也能茁壮成长，开铃铛形状的美丽花朵。不同品种的蓝铃花的花色各不相同，主要有白色、粉色、蓝色等。比较常见的品种是西班牙蓝铃花和蓝铃花（英国蓝铃花）。蓝铃花喜爱排水性良好的土壤，在光照充足或半背阴的场所都能很好地生长。处于生长期时，要多浇水，土壤干燥后请充分浇水。

生长					休眠						
1	2	3	4	5	6	7	8	9	10	11	12
			开花						种植		

图中的是水培种植的西班牙蓝铃花"粉铃铛（Pink Bell）"。选用较为厚重的玻璃容器，充分展现植物华丽、饱满的外观。粉色的铃铛形状的花朵，既精美又可爱。

蓝铃花盛开在林间空地上，阳光透过树枝间的缝隙，洒在花朵上。

水培种植蓝铃花，使用玻璃球、玻璃块固定球根

需要准备的物品
外壁较厚的玻璃容器（直径为10cm、深11cm）、玻璃球、玻璃块、勺子、沸石、浇水壶

● 球根　西班牙蓝铃花"粉铃铛"的球根　5 个

操作步骤

1 沸石具有净水、抑制细菌繁殖的作用。向玻璃容器内加入沸石，将底部覆盖即可。

2 轻轻地放入玻璃球，达到容器深度的 1/2 即可。注意，放的时候尽量轻柔，防止砸坏容器。

3 在玻璃球上面摆放一层玻璃块。形状不规则的玻璃块不易滑动，可以很好地固定球根。

4 在玻璃块上面摆放球根。请注意，使球根略尖的一端向上。

5 在球根之间摆放玻璃块，将球根固定。球根的下半部分被覆盖即可。

6 向玻璃容器内加水，水位刚好接触到球根的底部即可。当球根长出根须后，需要下调水位。

7 用纸箱盖住容器，然后将其放置在室外不会被雨淋到的场所，令其接触冬季的寒气 1 个月以上。

1~2个月
开始发芽

大约 1.5 个月之后，球根就会发芽。在这期间需要隔一段时间换一次水。发芽后可以施加一些液肥，有助于植株生长。但请注意，施肥过多会伤到球根。

蚁播花

Puschkinia scilloides

科名 / 天门冬科	原生地 / 地中海沿岸等地区
耐寒性 / 强	耐暑性 / 普通
株高 /10～15cm	放置场所 / 向阳处至半背阴处

蚁播花属的植物每年早春就会开花，晶莹剔透的洁白花朵非常迷人。蚁播花属的植物之中，最常见的品种就是蚁播花。蚁播花喜爱排水性良好的土壤，在光照充足或半背阴的场所都能很好地生长。蚁播花处于生长期的时候，一旦土壤干燥就应该充分地浇水。

			生长				休眠					
1	2	3	4	5	6	7	8	9	10	11	12
		开花							种植		

将蚁播花种植在玻璃茶具内（里面填充了彩色沸石）。注意调整水量，不要让球根整个浸在水里。

使用彩色沸石种植蚁播花

需要准备的物品

一套玻璃茶具、彩色沸石、普通沸石、勺子、水壶

● 球根　蚁播花的球根　10 个

操作步骤

1 沸石具有净水、抑制细菌繁殖的作用。向玻璃容器内加入沸石，将底部覆盖即可。

2 向玻璃容器内加入彩色沸石，达到玻璃容器深度的 1/2 即可。然后轻轻抚平表面。

3 摆放球根，使球根略尖的一端向上。

4 向球根之间、球根与容器壁之间填充彩色沸石。

5 继续加入彩色沸石，直到将球根全部覆盖，之后轻轻抚平表面。

3月中旬
开始长出
花蕾

大约 1.5 个月之后会发芽。在这期间需要时不时地添加一些水。如果不接触寒气，球根就不容易发芽。

6 向玻璃容器内加水，水位刚好接触到球根的底部即可。当球根长出根须后，需要下调水位。

7 在另一个茶具容器中也按照同样步骤操作。然后将容器放在室外不会被雨淋到的位置，令其接触冬季的寒气 1 个月以上。

水位维持在玻璃容器下部，深度1/3的位置

刺眼花

Boophone disticha

科名 / 石蒜科	原生地 / 南非
耐寒性 / 略弱	耐暑性 / 普通
株高 /30~60cm	放置场所 / 向阳处

刺眼花是一种原产于南非的大型球根植物。刺眼花的外观赚足了眼球，像扇子一样横向伸展的叶子，圆形的巨大球根都是它的标志性特征。所以多肉植物爱好者们也很喜欢种植刺眼花。用花盆种植时，需选用排水性良好的土壤，且要把球根的一多半埋在土里。处于生长期时，需要将花盆摆在室外光照充足的场所，让土壤保持略微干燥。进入休眠期后，要尽量少浇水，把花盆移到半背阴的场所。

刺眼花的生命力顽强、易于成活，可摆放在室外不被雨淋、通风良好的场所。进入休眠期后，叶子会掉光。

香雪兰
Freesia

科名 / 鸢尾科	原生地 / 南非
耐寒性 / 略弱	耐暑性 / 普通
株高 /20~50cm	放置场所 / 向阳处至半背阴处

香雪兰是一种原产于南非的小型球根植物，不同品种的花色有白色、红色、黄色、粉色、紫色等，有 12 种以上的原种。香雪兰的叶子纤细而精美，既适合在花盆中种植也适合栽在花坛中。香雪兰喜欢排水性较好的土壤，以及日照充足的环境。但香雪兰比较怕冷，冬季需要注意防冻。叶子枯萎，植株进入休眠期后，要停止浇水，把花盆移到半背阴的场所。

		生长				休眠						
1	2	3	4	5	6	7	8	9	10	11	12
		开花							种植		

来希小苍兰是一种原种，植株较小，白色的花瓣上点缀着黄色的斑点。

贝母
Fritillaria

科名 / 百合科	
原生地 / 地中海沿岸、亚洲等地区	
耐寒性 / 普通至强	耐暑性 / 弱
株高 /10~100cm	
放置场所 / 向阳处至半背阴处	

春季贝母开出铃铛形状的可爱花朵，精美的花朵朝向下方。贝母处于生长期的时候，需要摆放在光照充足的场所，土壤干燥后要充分地浇水。到了夏季，贝母的叶子枯萎，进入休眠期，此时需要减少浇水量，把花盆移到半背阴的凉爽场所。此外，休眠期也不要让土壤过于干燥，需要时不时地浇一些水。

		生长					休眠					
1	2	3	4	5	6	7	8	9	10	11	12
		开花						种植			

贝母（*Fritillaria davisii*）的植株小巧可爱，绽放的茶色花朵也十分美观。

波斯贝母是贝母中的大型品种，植株高度可达 1m，绽放一串串典雅的黑紫色花朵。

种植在小花盆之中的展瓣贝母。

96

须尾草

Bulbine

科名 / 阿福花科 原生地 / 南非等地区

耐寒性 / 普通   耐暑性 / 普通

株高 /10~20cm 放置场所 / 向阳处至半背阴处

本属品种须尾草是一种原产于南非的多肉植物，也被称作花芦荟，会在春季开放橙色的花朵。玉翡翠（*Bulbine mesembryanthoides*）是须尾草中的一个品种，植株较小、适合在花盆中种植；叶子非常精美，如果生长期间光照充足，叶子会变得更加晶莹剔透。须尾草喜爱排水性较好的土壤，处于生长期时如果土壤变干燥，需要充足地浇水。叶子枯萎，植株进入休眠期之后，要少浇水，把花盆移到半背阴的场所。

玉翡翠的叶子十分精美，有通透的"窗"。春季玉翡翠会长出纤细的花序，绽放黄色的小花。

块茎鸢尾

Iris tuberosus

科名 / 鸢尾科   原生地 / 南非

耐寒性 / 略弱   耐暑性 / 普通

株高 /20~30cm 放置场所 / 向阳处至半背阴处

块茎鸢尾是一种原产于南非的小型球根植物，它的花色十分罕见，由黄绿色和黑色搭配而成。块茎鸢尾的叶子纤细修长，植株整体不大，适合在花盆中种植。块茎鸢尾喜欢排水性较好的土壤，以及日照充足的场所。但它比较怕冷，冬季需要注意防冻。叶子枯萎，植株进入休眠期后，要停止浇水，并把花盆移到半背阴的场所。

把块茎鸢尾种植在排水性良好的土壤里，植株充满活力，不断绽放花朵。

罗马风信

Bellevalia paradoxa

科名／天门冬科　原生地／地中海沿岸、西亚

耐寒性／强　　　耐暑性／普通

株高／10~15cm　放置场所／向阳处至半背阴处

罗马风信的植株比葡萄风信子的略大，叶子也更宽厚一些，粗壮的花序上绽放许多深蓝色的小花。罗马风信"绿珍珠（Green Pearl）"是比较常见的品种，开放的花朵是浅绿色的。使用水苔等材料，就可方便地用水培的方式种植罗马风信。花期过后可将其移栽到花盆中，并选用排水性较好的土壤，摆放在日照充足的场所，让球根休养生息。叶子枯萎，植株进入休眠期后，要尽量少浇水。

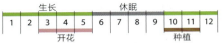

	生长					休眠					
1	2	3	4	5	6	7	8	9	10	11	12
		开花							种植		

在类似高脚玻璃杯的精美器皿中种植罗马风信。器皿中加入了颗粒土。

罗马风信。

罗马风信（*Bellevalia romana*）的白花瓣搭配深紫色的花蕊，对比鲜明，引人注目。

鹿角苍角殿

Bowiea volubilis subsp. *gariepensis*

科名 / 天门冬科	原生地 / 南非
耐寒性 / 普通	耐暑性 / 略弱
株高 /70~150cm	放置场所 / 半背阴处

鹿角苍角殿是大苍角殿（P132）的亚种，只不过大苍角殿要在春季种植，鹿角苍角殿要在深秋的10月种植。种下之后，从鹿角苍角殿的外形类似洋葱的球根中长出黄绿色的藤蔓，藤蔓像树枝一样曲折生长。鹿角苍角殿喜欢排水性良好的土壤，土壤干燥后需要充分浇水。如果水分不足，球根上就会出现褶皱。到了第二年的夏季，鹿角苍角殿进入休眠期，此时需要减少浇水量。

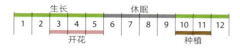

鹿角苍角殿的黄绿色藤蔓很具观赏性，在日本关东平原以西的地区也可种植在户外。

金香鸢尾 [○]

Homeria

科名 / 鸢尾科	原生地 / 南非
耐寒性 / 普通	耐暑性 / 普通
株高 /30~60cm	
放置场所 / 向阳处至半背阴处	

金香鸢尾属的植物原产于南非，属于半耐寒性的小型球根植物。其中较为流行的品种是*Moraea elegans*，它橙、黄双色的花朵十分艳丽。金香鸢尾属的其他品种的花色还有红色、黄色、粉色、紫色等。金香鸢尾属植物的花朵只能保持一天，但会不断开出新花。这类植物喜爱排水性好的土壤，在日照充足的场所长势最好，但比较怕冷，冬季需注意防冻。叶子枯萎，植株进入休眠期后，要停止浇水，把花盆移到半背阴的场所。

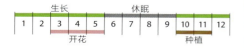

品 种 *Moraea elegans* 花朵的黄色、橙色很亮丽，种植在瘦高的小花盆中，整体外观和谐精美。

○ 本属现已被纳入肖鸢尾属（Moraea）。

粉铃花⁽一⁾

Polyxena

科名 / 天门冬科	原生地 / 南非
耐寒性 / 普通	耐暑性 / 普通
株高 /5~15cm	
放置场所 / 向阳处至半背阴处	

粉铃花是一种原产于南非的小型球根植物，秋季种下之后立刻就会生长、开花。花色以白色、粉色为主。粉铃花比较容易种植，处于生长期的时候要保持日照充足，土壤干燥后要充分地浇水。粉铃花喜爱排水性较好的土壤，叶子枯萎进入休眠期后，要减少浇水量，并且把花盆移到半背阴的场所。

生长					休眠						
1	2	3	4	5	6	7	8	9	10	11	12
								种植	开花		

该品种（*Lachenalia odorata*）的两片叶子之间开放一枝白色花朵，花朵洁白无瑕，甚至带有一种透明感。

剑叶立金花亚种（*Lachenalia ensifolia* subsp. *maughanii*）的众多小花集中在一起开放。

该品种（*Lachenalia corymbosa*）的粉色小花十分精美。

这是剑叶立金花的粉色花朵。

⁽一⁾ 现已被纳入纳金花属（*Lachenalia*）。

白玉凤
Massonia

科名 / 天门冬科	原生地 / 南非
耐寒性 / 略弱	耐暑性 / 普通
株高 /5~10cm	
放置场所 / 向阳处至半背阴处	

白玉凤是原产于南非的球根植物，厚实偏圆的叶子向两侧展开，外观个性十足，在多肉植物爱好者的圈子里也人气颇高。白玉凤处于生长期的时候，需要摆在室外并保持日照充足，土壤最好保持略微干燥。白玉凤喜爱排水性良好的土壤，以及通风良好的环境。叶子枯萎，植株进入休眠期后，要减少浇水量，并把花盆移到半背阴的场所。

	生长				休眠							
1	2	3	4	5	6	7	8	9	10	11	12
								种植		开花		

白玉凤的叶子厚实圆润，集中在一起的袖珍小花也很可爱，香气非常宜人。需要在花盆里耐心培养。

肖鸢尾
Moraea

科名 / 鸢尾科	原生地 / 南非
耐寒性 / 略弱	耐暑性 / 普通
株高 /20~60cm	
放置场所 / 向阳处至半背阴处	

肖鸢尾是一种原产于南非的半耐寒性的小型球根植物，其中比较知名的品种是肖鸢尾（*Moraea villosa*），它紫色加蓝色的复色花朵非常精美。冬季需要注意防冻，并且保持日照充足。肖鸢尾比较惧怕高温高湿的环境，所以需要用排水性较好的土壤种植。夏季叶子枯萎，植株进入休眠期后，可以把球根挖出，放在半背阴的场所晾干，或者把花盆移到半背阴的场所并停止浇水。

	生长					休眠						
1	2	3	4	5	6	7	8	9	10	11	12
			开花						种植		

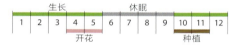

肖鸢尾（*Moraea setifolia*）的花色是优雅的紫色，花瓣根部还有精美的图案。

葡萄风信子

Muscari

科名 / 百合科

原生地 / 地中海沿岸、西亚

耐寒性 / 强　　　　耐暑性 / 强

株高 /10~30cm

放置场所 / 向阳处至半背阴处

葡萄风信子的众多小花集聚成一个花穗，就像一串串小巧的葡萄。葡萄风信子是一种易于种植的球根植物，品种也十分丰富。其中最具代表性的是亚美尼亚葡萄风信子、不显蓝壶花，它们还有许多园艺品种。使用水苔等材料，就可方便地水培种植葡萄风信子。花期过后可将球根移栽到花盆中，让球根休养生息。叶子枯萎，植株进入休眠期后，要减少浇水量。

	生长					休眠					
1	2	3	4	5	6	7	8	9	10	11	12
		开花							种植		

使用色彩亮丽的树脂水杯，种植葡萄风信子，杯子中的彩色沸石增添了时尚色彩。左侧的是葡萄风信子"闪亮"，右侧的两株是葡萄风信子"婴儿呼吸"。

把葡萄风信子"粉色日出（Pink Sunrise）"种植在蓝色的马克杯中，蓝色的杯子令淡粉色的花朵更显轻柔。

图中是亚美尼亚葡萄风信子"蓝跑鞋（Blue Spike）"，深蓝色的小花聚集在一起，花瓣层层叠叠，整体外观十分华丽。

清新的亮黄色花朵、清爽的香气，是葡萄风信子"金色香水"的两大特点。

天蓝蓝壶花⊖的浅蓝色花色，好似天空的色彩。这里将之与水苔一起装饰在透明的玻璃杯中。

⊖ 现已修订为假蓝壶花（*Pseudomuscari azureum*）。

百合

Lilium

科名 / 百合科	原生地 / 亚洲等地区
耐寒性 / 强	耐暑性 / 普通
株高 /50~150cm	
放置场所 / 向阳处至半背阴处	

百合大体上可分为两大类，一类是百合"卡萨布兰卡（Casa Blanca）"等的东方百合系，另一类是透百合等的亚洲百合系。亚洲百合系各类品种的植株都比较纤细，喜爱日照充足的环境。东方百合系各类品种的叶子比较大，喜爱半背阴的环境。各种园艺品种的百合，可以使用花草专用的培养土进行种植。如果种植在花盆里，需要把百合的球根埋得深一些，深度要达到球根高度的 1.5 倍以上。

这是麝香百合的一个杂交品种"铃铛之歌（Bell Song）"，淡粉色的花朵十分美观，花朵可以保持较长时间。

重瓣的百合"白瞳（White Eyes）"花朵外形华丽。百合"白瞳"的植株并不高大，但开放的花朵数量较多，花朵也可保持较长的时间，可为 7 月的阳台花园增添华丽的色彩。

使用花草专用的培养土种植百合

需要准备的物品
铲土杯、花草专用的培养土、大颗粒的鹿沼土、盆底网、锡铁皮的水桶（直径为 30cm、高 30cm）、浇水壶

●球根　百合"白瞳"的球根　3 个

操作步骤

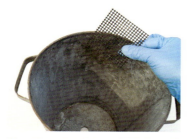

1 剪取一块盆底网。盆底网要比铁皮水桶底部的排水孔略大。将盆底网铺在排水孔上。

2 加入一些大颗粒的鹿沼土，达到5cm 的厚度即可。如果没有鹿沼土，也可使用盆底石。

3 用铲土杯向桶内加入花草专用的培养土，达到水桶深度的 1/4 左右。

种得深一些，达到球根
高度的1.5倍以上

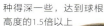

4 把球根摆在培养土上面。请注意，球根有上下之分，应使有芽的一端向上。

5 添加培养土，土壤要达到水桶沿儿向下约 3cm 的位置。球根之间、球根和水桶壁之间不要留有缝隙。

6 抚平表面，然后充分地浇水，直到有水从水桶底部的排水孔流出。

百合"胸花"的花朵较小，但花朵数量众多，持续的时间也很长。

这是亚洲百合系的百合"朋友（Amiga）"，它的花色是暖色系的橘黄色。

百合"糖果之恋（Sugar Love）"，开桃红色、白色搭配的花朵，格外惹人喜爱。

纳金花

Lachenalia

科名 / 天门冬科	原生地 / 南非
耐寒性 / 略弱	耐暑性 / 强
株高 /15~20cm	
放置场所 / 向阳处至半背阴处	

纳金花原产于南非，品种众多，大约有 100 种。不同品种的花色也丰富多彩，有白色、黄色、橙色、绿色、紫色等。使用常见的花草专用培养土，在光照良好的场所就可种植纳金花。另外，使用水苔等材料，也可方便地进行水培种植，因为纳金花很容易成活。花期过后可将球根移栽到花盆中，让球根休养生息。叶子枯萎，植株进入休眠期后，要减少浇水量。

绿花纳金花的花朵颜色如同翡翠一般，是一种高雅、通透的淡绿色。这里将之栽在透明的玻璃器皿中，为根部包裹了水苔。花期过后可将球根移栽到花盆中保养，这样每年都可以开花。

				生长				休眠			
1	2	3	4	5	6	7	8	9	10	11	12

开花 种植

红宝石纳金花（*Lachenalia punctata*）的耐寒性较强，早春就开放众多花朵，粉红色的艳丽花朵为早春增添色彩。

纳金花"北极光（Aurora）"生命力顽强，鲜艳夺目的黄花格外显眼。另外，花朵数量较多也是它的优点。

蓝绿兰状立金花的花朵由黄色和嫩绿色组成，呈现出通透的质感，香气也清爽宜人。

立金花的花蕾是橙色的，成熟后变成浓郁的黄色，花朵的两端颜色不同。

花毛茛

Ranunculus asiaticus

科名 / 毛茛科	原生地 / 地中海沿岸等地区
耐寒性 / 普通	耐暑性 / 弱
株高 /20~50cm	放置场所 / 向阳处

层层叠叠的花瓣相互交错，美丽的花形让花毛茛成为插花素材的大热门。不同品种的花毛茛的花色十分丰富，有红色、白色、黄色、紫色、复色等众多色系。最好将花毛茛的球根种植在略湿的土壤中，4~5 天之后，当土壤表面干燥后，再充分地浇水。当然也可以从园艺店直接购买已经发芽的成株。花毛茛惧怕高温高湿的环境，当叶子枯萎，植株进入休眠期后，要少浇水，把花盆移到半背阴的场所。

	生长					休眠						
	1	2	3	4	5	6	7	8	9	10	11	12
			开花								种植	

花毛茛"比科蒂（Picotee）"的花瓣边缘是美丽的桃红色，白色、粉色双色合璧的花朵艺术感十足。

长管鸢尾

Lapeirousia

科名 / 鸢尾科	原生地 / 南非
耐寒性 / 普通	耐暑性 / 普通
株高 /6~15cm	放置场所 / 向阳处至半背阴处

长管鸢尾原产于南非，较为常见的品种有石竹长管鸢尾、山地长管鸢尾等，它们的植株较小，花色鲜艳。将长管鸢尾密集地种在小花盆里，开花之后形成的小花丛非常华丽。长管鸢尾喜爱排水性较好的土壤，种下之后不用过多照料也可生长数年。叶子枯萎，植株进入休眠期后，要少浇水，并把花盆移到半背阴的场所。

	生长					休眠						
	1	2	3	4	5	6	7	8	9	10	11	12
		开花								种植		

山地长管鸢尾花朵上鲜艳的紫色令人过目难忘，锯齿状的叶子也十分有趣。

石竹长管鸢尾浓郁的粉色花朵很醒目，花朵的数量较多。

白棒莲

Leucocoryne

科名 / 石蒜科	原生地 / 南美
耐寒性 / 普通	耐暑性 / 普通
株高 /30~60cm	放置场所 / 向阳处至半背阴处

白棒莲的花朵大多为精美的星形，花色包括白色、粉色等。较有代表性的品种是花瓣外侧呈蓝色的科金博白棒莲，以及拥有紫红色花心的紫花白棒莲。白棒莲喜爱日照良好的场所，以及排水性较好的土壤。叶子枯萎，植株进入休眠期后，要少浇水，把花盆移到半背阴的场所。此外，白棒莲的球根容易被冻伤，冬季要把花盆移到较温暖的场所，或用遮阳网保温。

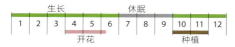

		生长					休眠					
1	2	3	4	5	6	7	8	9	10	11	12
			开花						种植		

白棒莲（*Leucocoryne angustipetala*）的星形花朵十分纤细、精美，花朵上还有一抹米色作为点缀。

弯管鸢尾

Watsonia

科名 / 鸢尾科	原生地 / 南非
耐寒性 / 略弱	耐暑性 / 普通
株高 /20~50cm	放置场所 / 向阳处至半背阴处

弯管鸢尾是原产于南非的小型球根植物，不同品种的花色有白色、红色、粉色、橙色、黄色等。弯管鸢尾的植株俊秀挺拔，冬季在不结霜的室外也可生长，但要保持日照充足。如果想在花盆里种植，可选择矮生品种。弯管鸢尾比较惧怕夏季的高温高湿环境，所以要使用排水性较好的土壤。叶子枯萎，植株进入休眠期后，要少浇水并把花盆移到半背阴的场所。种下后可连续数年开花。

		生长					休眠					
1	2	3	4	5	6	7	8	9	10	11	12
			开花						种植		

图中的是矮生品种的弯管鸢尾"粉影（Pink Shade）"。

春植型球根植物
（夏季开花）

接下来要介绍的球根植物，
在炎炎夏日之中，也比较容易生长。
如果土壤过于湿润，球根容易发生病变，
所以种植的诀窍是，让土壤保持略微干燥。

大丽花"宝雪"

女王郁金"粉红至尊
（Pink Supreme）"

红金梅草

Rhodohypoxis baurii

科名 / 仙茅科	原生地 / 南非
耐寒性 / 略弱	耐暑性 / 强
株高 /5~15cm	放置场所 / 向阳处至半背阴处

红金梅草原产于南非，开放的花朵精巧可爱，花色有红色、粉色、白色等。花朵由 6 片花瓣组成，整个花朵的直径约为 2cm。覆盖着白色茸毛的细长叶子也很美观，种在花盆中的红金梅草颇具观赏效果。红金梅草喜爱排水性较好的土壤，春季进入生长期后直到开花，都需要保持充足的日照。盛夏及休眠期需要把花盆放在半背阴的场所。红金梅草不喜爱干燥环境，所以休眠期也要时不时地浇一些水。

红金梅草"都鸟"的浓粉色花瓣上有白色的条纹，清新淡雅。冬季可将之摆放在室外不结霜的场所，但需要保持土壤稍微湿润。生长期，土壤一旦干燥，请充分地浇水。

杂交朱顶红

Hippeastrum hybridum

科名 / 石蒜科	原生地 / 南美
耐寒性 / 略弱	耐暑性 / 普通
株高 /30~60cm	放置场所 / 向阳处至半背阴处

杂交朱顶红的植株较小，开放的花朵数量较多，娇艳的花朵是其最大的魅力。如果气温可保持在 -5℃以上，杂交朱顶红也可在室外越冬。植株栽下之后可以生长数年，冬季最好将花盆移到屋檐下等不结霜的场所。早春天气转暖后是种植杂交朱顶红的最好时机，最好采用浅层种植的方法，也就是将球根的 2/3 埋在土中。生长期，土壤一旦干燥，请充分地浇水，冬季则需减少浇水量。

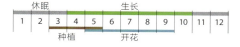

杂交朱顶红"棒棒糖（Lollypop）"的淡粉色花朵上有白色的脉络，十分精美。这类花卉很容易种植，花朵数量也较多，适合搭配较小的花盆，摆在阳台上。

酢浆草

Oxalis

科名 / 酢浆草科	原生地 / 南非、墨西哥等地区
耐寒性 / 略弱	耐暑性 / 强
株高 /20~30cm	放置场所 / 向阳处至半背阴处

夏季开花的酢浆草有许多叶子颇具特色的品种，例如，叶子为美丽的三角形的三角紫叶酢浆草，叶子中央有精美深紫色花纹的四叶酢浆草等。它们都很受园艺爱好者的欢迎。酢浆草很容易种植，花期较长，开放的花朵数量较多。酢浆草处于休眠期的时候，需要少浇水，但也不要让土壤过于干燥。

休眠						生长					
1	2	3	4	5	6	7	8	9	10	11	12

种植　开花

在一个又大又平的陶瓷圆盘内，用水苔集中种植了数株三角紫叶酢浆草"米克（Mijke）"。该品种生命力顽强，潮湿或干燥的环境都能很好地适应，种下后没多久就开始不断开花。

使用水苔种植酢浆草

需要准备的物品

水苔、陶瓷圆盘（直径大约为 27cm）、沸石、勺子、浇水壶

● 球根　三角紫叶酢浆草"米克"的球根　10 个

操作步骤

1 把水苔浸泡在水中 30min，令其充分吸水。然后把水苔拿出，轻轻挤出多余的水分，并向水苔中加液肥。

2 在陶瓷圆盘底部，薄薄地铺一层沸石，能盖住圆盘底部即可。沸石可以净化水质、防止烂根。

3 把处理好的水苔撕成小块，平铺在沸石上。

4 把球根均匀地摆放在水苔上面，这样在整个圆盘之中酢浆草就可以均匀地开花。球根之间留出一定的距离。

5 在球根上面再均匀地铺一层水苔，并轻轻按压水苔，让水苔和球根贴合紧密。

4 月中旬至
5 月中旬
长出叶子

种植后的 2 周左右，球根开始发芽，然后长出叶子。

5 月中旬至
6 月中旬
开始开花

长出叶子后的 1 周左右，酢浆草开始开花。花期可以维持 1 个月以上。

这里使用了插花常用的造型简洁的灰黑色长方形容器。在容器中水培种植铁十字四叶酢浆草，并填充了颗粒土作为辅助材料。色彩典雅、造型简洁的容器，将铁十字四叶酢浆草的花朵和叶子衬托得更加艳丽。

需要准备的物品

颗粒土、锡铁材质的长方形容器（24.5cm×10.5cm、高6cm）、沸石、勺子、滤网、浇水壶、固体肥料、竹签（使用方法参见 P18）

●球根　铁十字四叶酢浆草的球根　20 个

操作步骤

1 在容器的底部，薄薄地铺一层沸石，能覆盖底部即可。

2 用水清洗颗粒土，然后用滤网将多余的水分滤掉。将滤干水分的颗粒土铺在沸石上，达到容器深度的 1/3 左右即可。

3 用勺子取 2 勺固体肥料，均匀撒在颗粒土上。

4 再铺一层滤干水分的颗粒土，厚度为 2cm 左右。这是为了避免球根直接接触到固体肥料。

5 把 20 个铁十字四叶酢浆草的球根摆放在颗粒土上，使球根之间留出一些间隔，不要互相接触。球根略尖的一端应向上。

6 铺一层滤干水分的颗粒土，厚度为 1~2cm。最后将颗粒土的表面抚平。

**4—5 月
发芽**

种植后的 2 周左右，球根开始发芽。然后再过 1 周，所有球根都发芽了。

**4 月中旬至
5 月中旬
长出花蕾**

种植后的 1 个月左右，开始长出花蕾。花蕾逐渐变大。

**5 月下旬至
7 月下旬
开花**

每个花序上，可以陆续开放五六朵花。花期可持续 1 个多月。

马蹄莲

Zantedeschia

科名 / 天南星科	原生地 / 南非
耐寒性 / 普通	耐暑性 / 强
株高 /20~100cm	
放置场所 / 向阳处至半背阴处	

马蹄莲主要分为两大种类：一类是大型、开白花的湿地型的马蹄莲（*Zantedeschia aethiopica*）类品种；另一类是喜爱排水好的土壤的花色丰富的旱地型品种。花色丰富的旱地型品种适合在花盆里种植。这类品种的生长期是春季至秋季，冬季进入休眠期。高温高湿的盛夏时节，球根容易腐烂，可将花盆移到半背阴的场所，减少浇水量。叶子枯萎，植株进入休眠期之后，停止浇水，将花盆移到不上冻的场所。

	休眠				生长							
	1	2	3	4	5	6	7	8	9	10	11	12

种植　　开花

马蹄莲"水晶胭脂（Crystal Blush）"的植株较小，容易成活，生长过程中花朵的淡粉色会逐渐加深。这里将马蹄莲"水晶胭脂"用颗粒土种在细长的容器内。马蹄莲"水晶胭脂"纤细高挑，与细长的容器搭配得恰到好处。

使用颗粒土种植马蹄莲

需要准备的物品

颗粒土、细长的陶瓷容器（直径为 18cm、高 23cm）、沸石、勺子、浇水壶、铲土杯

● **球根** 马蹄莲"水晶胭脂"的球根 1 个

操作步骤

1 向容器内加入沸石，达到容器深度的 1/4 左右即可。沸石可以净化水质，防止球根烂根。

2 添加颗粒土。颗粒土需要事先清洗，并滤除多余水分。颗粒土添加到容器深度的 1/2 即可。

3 在颗粒土上放置球根，球根凸起的部分会长出芽，所以这一端需要向上。

4 添加颗粒土。颗粒土需要事先清洗，并滤除多余水分。

5 继续向容器内添加颗粒土，达到容器口向下 2~3cm 的位置即可。然后将颗粒土的表面抚平。

6 用浇水壶向容器内缓缓地浇水。注意，水不要浇得太多，否则会导致烂根。

马蹄莲"回忆（Memories）"拥有黑紫色的花朵、黑紫色的叶柄、紫色有斑点的叶片，整体外观非常典雅。

旱地型马蹄莲的球根。

生芽的位置。

马蹄莲开花之后长出种子。

女王郁金

Curcuma petiolata

科名 / 姜科	原生地 / 东南亚
耐寒性 / 弱	耐暑性 / 强
株高 /30~100cm 放置场所 / 向阳处至半背阴处	

女王郁金与姜黄和生姜属于同一类植物。女王郁金不怕夏季的酷暑，能够长时间开花，所以也是颇受欢迎的插花素材。女王郁金的花色主要有白色、粉色等。处于生长期的时候它不耐旱，所以夏季最好在早晨、傍晚各浇一次水。女王郁金在半背阴的环境里也可以生长，但在光照充足的场所更容易开花，植株外形也更挺拔。冬季进入休眠期后，需要将之放在室内养护。

女王郁金开出的大花可以持续绽放 1 个月以上。图中的品种是女王郁金"粉红至尊"，粉色的花朵非常艳丽。女王郁金"粉红至尊"的植株高大挺拔，所以搭配了较高的花盆，使用水培陶粒种植。摆在室内，装饰效果极佳。

需要准备的物品

水培陶粒、花盆（直径约为 30cm、深约 30cm）、
铲土杯、盆底网、浇水壶

● **球根** 女王郁金的球根 3 个

操作步骤

1 剪下一块盆底网，铺在花盆底部。盆底网要比底部的排水孔略大。

2 向花盆内加入水培陶粒。水培陶粒需要事先清洗，并滤除多余水分。水培陶粒添到花盆深度的 1/3 即可。

3 在水培陶粒上放置女王郁金的球根，膨大的一端向下。

4 添加处理后的水培陶粒。

5 继续向花盆内添加水培陶粒，达到花盆口向下 2~3cm 的位置即可。然后将水培陶粒的表面抚平。

6 向花盆内浇水，直到有水从排水孔流出。1 周后，可以施加一些稀释过的液体肥料。之后每个月都可以施加一次液体肥料，这样有助于开花。

女王郁金的球根外形很独特。种下之后，从上面细的部位发芽。

女王郁金"白茉莉（White Jasmine）"的白色大花非常醒目。白色苞片间的紫色部分，是真正的花朵。

嘉兰 "罗斯柴尔德亚纳"

Gloriosa superba 'Rothschildiana'

科名 / 百合科	
原生地 / 非洲的热带地区、亚洲的热带地区	
耐寒性 / 弱	耐暑性 / 略弱
株高 /80~150cm	放置场所 / 向阳处至半背阴处

它的花朵造型精美，花瓣外围是浓烈的红色，边缘是醒目的黄色。此外，它还有开黄花、粉花、白花等的多个品种。它原产于热带地区，可以长出细长的藤蔓，用叶尖的卷须攀附在周围的物体上。处于生长期的时候，它比较喜爱光照，但直射阳光会灼伤叶片。所以在夏季，最好将花盆放在半背阴的场所。晚秋叶子枯萎后，可以将球根挖出，放在10℃以上的场所保管。

	休眠					生长						
	1	2	3	4	5	6	7	8	9	10	11	12
				种植				开花				

它会一朵接一朵地长出花蕾，每朵花开放之后，可以保持1周的时间。它的藤蔓又细又长，可将它种植在铁皮罐里，使藤蔓从高处自然垂下。

使用水培陶粒种植嘉兰

需要准备的物品
水培陶粒、铁皮罐（高 30cm 左右）、铁锤、粗铁钉、铁丝、尖嘴钳、珍珠岩、沸石、勺子、滤网、浇水壶、固体肥料、竹签（使用方法参见 P18）
●球根　嘉兰"罗斯柴尔德亚纳"的球根 3 个

操作步骤

1 向铁皮罐内撒入沸石。由于罐子比较深，沸石需要达到 2~3cm 的厚度。沸石可以有效地防止球根烂根。

2 嘉兰"罗斯柴尔德亚纳"的根系比较发达，所以向铁皮罐内加入通气性、保水性都较好的珍珠岩，并使之达到罐子深度的 1/4 左右。

3 再向罐子内加入水培陶粒，达到罐子深度的 1/2 即可。水培陶粒需要事先清洗，并过滤多余的水分。

4 在水培陶粒上面，撒 2 勺固体肥料。然后在肥料上，铺一层水培陶粒。

5 放置球根。请使球根略尖的一端向上，这样芽才能向上生长。

6 用水培陶粒覆盖球根，直到将球根全部埋住。然后将水培陶粒的表面抚平。

5—6月
发芽

种植 2 周后，球根开始发芽。然后藤蔓会不断生长。

5月下旬至
6月下旬
长出花蕾

种植 2 个月后，会长出花蕾。此时将铁皮罐移到向阳处。注意，不要折断藤蔓。

6月下旬
至 8 月
开花

每个花茎上，可以陆续开放 3~5 朵花。花朵可持续绽放 2~3 周。

宫灯百合

Sandersonia aurantiaca

科名 / 秋水仙科	原生地 / 南非
耐寒性 / 略弱	耐暑性 / 强
株高 /40~70cm	放置场所 / 向阳处

宫灯百合的花朵就像一个个橙黄色的小铃铛，悬挂在纤细的茎上。这种色调明亮的花卉，也是人气颇高的插花素材。宫灯百合的球根应种在土中约 5cm 深处。它比较耐旱，浇水不宜过多。它的耐暑性也不错，但比较惧怕寒冷，植株需要放置在较温暖的场所。到了冬季，宫灯百合进入休眠期，叶子、茎全部枯萎，只剩下球根。到了春季，球根再度发芽，进入初夏开始绽放花朵。

		休眠				生长						
	1	2	3	4	5	6	7	8	9	10	11	12
				种植			开花					

宫灯百合的橙色花朵，搭配浅黄色的水壶。水壶内加入了颗粒土。宫灯百合的茎非常细长，所以将其栽培在了瘦高的水壶内，然后再把水壶摆放在矮凳上，这样便充满了时尚、可爱的气息。

需要准备的物品

颗粒土、水壶（水壶内需要能容得下球根）、沸
石、勺子、滤网、浇水壶、固体肥料、竹签（使
用方法参见 P18）

●球根　宫灯百合的球根　1 个

操作步骤

1 把颗粒土用水清洗数次，洗去表面
的粉尘、污垢。这样有助于球根健
康生长。

2 向水壶内加入沸石，达到水壶深度
的 1/4 即可。沸石可以净化水质，
防止球根烂根。

3 加入 1 勺的固体肥料。

4 添加颗粒土（洗净后滤掉多余的水
分）。颗粒土加到距离壶口 4~5cm
的位置即可。

5 把宫灯百合的球根横着放置在颗粒
土上面，将来会从略尖的一端发芽。

6 添加颗粒土（洗净后滤掉多余的水
分），最后用勺子抚平表面。

5—6 月
发芽

种植 2 周后，球
根开始发芽，然
后不断长高。

5 月中旬至
6 月中旬
长出花蕾

种植 1.5 个月后，
开始长出花蕾。
注意，不要折
断茎。

6 月下旬至
7 月下旬
开花

每个花茎上，可
以陆续开放 10~12
朵花。花朵可持
续绽放 2~3 周。

葱莲

Zephyranthes

科名 / 石蒜科	原生地 / 中美、南美地区
耐寒性 / 普通	耐暑性 / 强
株高 /15~20cm	
放置场所 / 向阳处至半背阴处	

葱莲的叶子纤细、挺拔，粉色、白色、黄色的花朵鲜艳动人。由于葱莲总是在雨后开花，所以也被称作"雨百合"。开白色花朵的葱莲，生命力较强，可以直接种植在院子里。葱莲不喜欢极端干燥的环境，所以在生长期的时候一定要注意浇水。葱莲是常绿性的，在冬季只会进入半休眠状态，在此期间也需要时不时地浇一些水。

半休眠			生长								
1	2	3	4	5	6	7	8	9	10	11	12
		种植			开花						

韭莲是葱莲的一个品种，它的粉色花朵晶莹剔透，十分精美。所以为了配合花朵的气质，这里将韭莲种在了小巧可爱的锡铁水壶里面。

使用水培陶粒种植韭莲

需要准备的物品
水培陶粒、锡铁水壶、沸石、勺子、滤网、浇水壶、
固体肥料、竹签（使用方法参见 P18）
- 球根　韭莲的球根　10 个

操作步骤

1 用水清洗水培陶粒，洗掉灰尘，并
让水培陶粒充分吸水。

2 向锡铁水壶里加入沸石，沸石需要
达到 2~3cm 的厚度。加入沸石有
助于球根健康生长。

3 添加水培陶粒（事先清洗并滤掉多
余的水分），达到锡铁水壶深度的
1/2 即可。然后撒入 1 勺固体肥料。

4 在固体肥料上面，再铺一层水培
陶粒。

5 把 10 个韭莲的球根摆放在锡铁水
壶内，可以摆得密一些，但球根之
间不要相互接触。另外请注意，球
根略尖的一端应向上。

6 添加水培陶粒（事先清洗并滤掉多
余的水分），然后把水培陶粒的表
面抚平。

6 月上旬至
10 月中旬
开花

种植 2 周后，球根开始
发芽。大约 1.5 个月后，
开始开花。直到秋季都
不断有花朵开放。

葱莲"粉桃（Pink
Peach）"浓郁亮
丽的粉红色大花，
引人注目。花期长
也是它受欢迎的
原因之一。

大丽花

Dahlia

科名 / 菊科	原生地 / 中美、南美地区
耐寒性 / 略弱	耐暑性 / 强
株高 /20~150cm	
放置场所 / 向阳处至半背阴处	

大丽花的品种众多，不同品种的花色也十分丰富，包括粉色、黄色、白色、深紫色、复色等。大丽花喜爱光照良好的环境，排水性较好的土壤。炎热的夏季，需要将花盆移到半背阴的场所，或者为花盆遮阳。大丽花不适合进行水培。冬季进入休眠期后，地表的茎、叶枯萎，需要把花盆移到不结霜的场所。大丽花处于生长期的时候，不能断水，初夏和秋季追加一定的肥料。

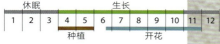

休眠				生长							
1	2	3	4	5	6	7	8	9	10	11	12
			种植				开花				

图中的是多花性的大丽花"宝雪"，花朵大小适中、花瓣重叠、花形美观，适合在花盆中种植。种植时选用花草专用的培养土，并且选用 10 号陶盆。因为大丽花"宝雪"的植株会长得比较大，种在较重的大花盆中，可有效地防止花盆倾倒。

使用花草专用的培养土种植大丽花

需要准备的物品
花草专用的培养土（含肥料）、花盆（直径为
30cm、高 30cm）、鹿沼土（大粒）、铲土杯、
盆底网

● **球根** 大丽花 "宝雪" 的球根 1 个

操作步骤

1 剪下一块盆底网，铺在盆底。盆底网要比盆底的排水孔略大。

2 添加鹿沼土（大粒），厚度为 2~3cm 即可。如果没有鹿沼土，用盆底石也可以。

3 添加花草专用的培养土，达到花盆深度的 1/2 即可。如果您所购买的培养土里面没有肥料，可以掺一些肥料。

4 把大丽花 "宝雪" 的球根摆放在培养土上。球根的尖端会长出芽。所以，需要让球根尖端位于花盆中心的位置，并且让尖端稍微向上倾斜。

5 添加培养土，达到花盆口向下 2~3cm 的位置即可。将培养土的表面抚平。

6 分多次浇水，浇水要充分，直到有水从盆底的排水孔渗出。

5—6 月
发芽

种植 2 周后，球根开始发芽，然后不断长出新的叶子。

5 月中旬至 6 月上旬
长出花蕾

植株不断长高，叶子也不断增多。种植 1.5 个月后，开始长出花蕾。

6 月下旬至 7 月下旬
花蕾变得饱满

每个花茎上，最终只留下 3~5 个花蕾。这样开出的花朵，更饱满、更持久。

紫娇花

Tulbaghia violacea

科名 / 石蒜科	原生地 / 南美
耐寒性 / 普通	耐暑性 / 强
株高 /20~50cm	放置场所 / 向阳处

紫娇花的外形极其纤细、简洁，小巧的铃铛状花朵聚集在顶端。轻轻触碰紫娇花，会闻到类似大葱、韭菜的味道。紫娇花的生命力十分顽强，耐热、耐旱，可生长数年。紫娇花喜爱光照，如果种植在背阴的区域中，会生长不良。另外，紫娇花比较喜爱排水性良好的土壤。它是半常绿性植物，从初夏到秋季可长时间开花，到了冬季也只是处于半休眠状态。

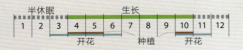

半休眠					生长						
1	2	3	4	5	6	7	8	9	10	11	12
			开花			种植			开花		

图中的是银边紫娇花，这个品种的叶子上有白色的斑纹，夏季看起来十分清爽宜人。略带蓝色的粉色小花，小巧可爱、纤细精美。深色的、厚重的玻璃花瓶与银边紫娇花的纤细花姿十分相称。

使用水培陶粒
种植紫娇花

需要准备的物品

水培陶粒、玻璃花瓶（直径为 18cm、高 18cm）、沸石、
勺子、滤网、浇水壶、固体肥料、竹签（使用方法参
见 P18）

●**球根**　银边紫娇花的球根　3 个

操作步骤

1　用水清洗水培陶粒，洗掉灰尘，并
让水培陶粒充分吸水。

2　向玻璃花瓶里加入沸石，将底部覆
盖。沸石可以净化水质，防止球根
烂根。

3　添加水培陶粒（事先清洗并滤掉多
余的水分），达到玻璃花瓶深度的
1/2 即可。

4　撒入 2 勺固体肥料，然后在固体肥
料上面，再铺一层水培陶粒，防止
球根直接接触肥料。

5　把银边紫娇花的 3 个球根摆放在玻
璃花瓶内，球根之间不要相互接触。

6　添加水培陶粒，达到花瓶瓶口下方
约 2cm 的位置即可。然后将水培陶
粒的表面抚平。

**4 月中旬至
5 月中旬
长出花蕾**

种植 2 周后，球根
开始发芽。1 个月
后，开始长出花蕾。

**5 月下旬
至 10 月
开花**

长出花蕾后的 1 周，
开始开花。直到秋
季，都会不断地开
放花朵。

粗壮葱莲

Zephyranthes robusta

科名 / 石蒜科	原生地 / 南美
耐寒性 / 普通	耐暑性 / 强
株高 /15~40cm	放置场所 / 向阳处至半背阴处

由于粗壮葱莲总是在雨后开花，所以也被称作"雨百合"。粗壮葱莲是常绿性植物，从初夏到秋季会不断地开放花朵。粗壮葱莲喜爱排水性良好的土壤，但也需要注意土壤不要太干燥。所以处于生长期的时候，需要每隔一段时间浇一次水。

	休眠		生长								
1	2	3	4	5	6	7	8	9	10	11	12
		种植				开花					

将粗壮葱莲种植在锡铁水桶中，不断绽放出艳丽的粉色花朵，让人赏心悦目。水桶中加入了水培陶粒，且浇水不要太多。

使用水培陶粒
种植粗壮葱莲

需要准备的物品

水培陶粒、锡铁水桶、沸石、勺子、滤网、浇水壶、固体肥料、竹签（使用方法参见 P18 ）
● **球根** 粗壮葱莲的球根 10 个

操作步骤

1 向锡铁水桶里加入沸石，沸石需要达到 2~3cm 的厚度。加入沸石有助于球根健康生长。

2 用水清洗水培陶粒，然后滤掉多余的水分。向水桶内加入一些水培陶粒。

3 在水培陶粒的上面，撒 1 勺固体肥料。再在固体肥料上铺一层水培陶粒，防止球根与肥料直接接触。

4 球根必须种在一定深度的位置，深度至少要达到 1 个球根的高度。

5 把 10 个粗壮葱莲的球根摆放在水桶内，可以摆得密一些，但球根之间不要相互接触。另外请注意，球根略尖的一端应向上。

6 添加水培陶粒（事先清洗并滤掉多余的水分），然后把水培陶粒的表面抚平。

4—6 月
发芽

种植 2 周后，球根开始发芽。再过 1 周，所有的球根全部发芽。

5—9 月
长出花蕾

开始长出花蕾。注意保护花序，防止折断。

6—9 月
开花

种植后的 1.5 个月，开始开花。直到秋季，会不断地绽放花朵。

大苍角殿

Bowiea volubilis

科名 / 天门冬科	原生地 / 南非
耐寒性 / 略弱	耐暑性 / 强
株高 /70~200cm	放置场所 / 半背阴处

大苍角殿的绿色球根有透明感，从球根长出的细长绿色藤蔓很美。强烈的日照可能会灼伤叶子，所以夏季需要注意遮阳。大苍角殿喜爱排水性较好的土壤，处于生长期的时候，如果土壤变干燥，请充分地浇水。如果水分不足，球根表面会出现褶皱。另外，如果过多地施肥，容易导致球根分球。藤蔓枯萎，进入休眠期之后，要减少浇水量。

休眠					生长						
1	2	3	4	5	6	7	8	9	10	11	12
		种植			开花						

**4 月下旬
长出藤蔓**

种植的时候，球根
需要裸露在土壤表面。
从球根中长出
美丽的绿色藤蔓。

**6 月下旬
藤蔓
旺盛生长**

藤蔓会不断伸长，可
搭建一些支柱、网格，
诱导藤蔓攀附在上面。
之后还会开放一些微
型的小花。

4月下旬
长出花蕾

粗壮的花序不断长高，并长出众多小花蕾。整体外形有些类似凤梨。

凤梨百合

Eucomis comosa

科名 / 天门冬科	原生地 / 南非等地区
耐寒性 / 略弱	耐暑性 / 强
株高 /50~100cm	放置场所 / 向阳处

凤梨百合的花序非常粗壮，花序上有众多小花。由于外形有些类似凤梨，所以凤梨百合也被称作"凤梨花"。凤梨百合的植株不算大，适合在花盆里种植；花色比较丰富，包括淡粉色、浅黄色、淡紫色等。凤梨百合喜爱排水性较好的土壤，但生长期的时候千万不要断水，土壤干燥后请充分浇水。进入休眠期之后，可减少浇水量。

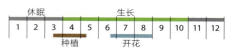

	休眠					生长					
1	2	3	4	5	6	7	8	9	10	11	12

种植　　开花

6月下旬
开花

淡粉色的花心十分可爱。叶子边沿稍稍皱起，形状好似波浪。

8月中旬
花褪色

花朵可以保持较长时间。但白色或粉色的花朵最终会褪色，变成绿色。此时可以剪掉花序，施加一些液肥。

夏植型球根植物
（秋季开花）

炎炎夏日，种下的球根植物难以养护。
但秋冬季节缺少花朵相伴，
夏植型球根植物能于此时带来娇艳的花朵，
所以它们格外珍贵，且大多适合花盆种植。
机会难得，何不一试。

酢浆草"灰姑娘之月（Cinderella Moon）"

番红花（藏红花）

134

酢浆草

Oxalis

科名 / 酢浆草科	原生地 / 南非
耐寒性 / 略弱	耐暑性 / 普通
株高 / 7~15cm	放置场所 / 向阳处

一般来讲，原产自南非开普地区的酢浆草，大多会在秋季至冬季开花。花色以粉色、白色、黄色为主。酢浆草适合在花盆里种植，种下后可以生长数年，每年都会绽放花朵。秋季酢浆草进入生长期，此时施加一些肥料，有助于植株生长、开花。来年春季进入休眠期后，则需要少施肥、少浇水。

生长						休眠					
1	2	3	4	5	6	7	8	9	10	11	12
							种植		开花		

图中的是双色冰激凌酢浆草，它最大的魅力就是螺旋状的花蕾。即使花闭合着，红白相间的花纹也很可爱。它在阳光下开花，开花后花朵变成白色。

酢浆草"嘭嘭（Pompom）"，开亮丽的粉色重瓣花朵，造型美观。它从晚秋开始开花，花期较长。因叶子十分茂密，所以需要充分地浇水。在花期时，如果缺水，会导致花朵掉落。

芙蓉酢浆草拥有亮丽的粉色花朵，花朵中心还点缀着耀眼的黄色。芙蓉酢浆草很容易种植，花期长达5个月。夏季的时候需要少浇水，让土壤保持略微干燥。

酢浆草"灰姑娘之月"是双色冰激凌酢浆草的重瓣品种，花朵是花瓣镶边的双色花。如果球根不够饱满，花朵可能会变成单瓣花。图中的酢浆草"灰姑娘之月"被种植在多肉植物垂盆草的下面，当酢浆草不开花时，垂盆草也可供人观赏。

使用多肉植物培养土
在多肉植物下方种植酢浆草

需要准备的物品
多肉植物专用的培养土、盆底网、勺子、剪刀、
方形花盆（9cm×9cm、高6cm）、浇水壶

● 植物　酢浆草"灰姑娘之月"的球根　10个
　　　　垂盆草　1株

操作步骤

1 剪下一块盆底网，铺在花盆底部。盆底网要比底部的排水孔略大一些。

2 用勺子向花盆里撒入培养土，达到花盆深度的1/3即可。

3 在培养土上，摆放酢浆草"灰姑娘之月"的球根，使球根略尖的一端向上。注意，不要把上下弄颠倒了。如果实在分辨不清，就把球根横着摆放。

4 撒一些培养土，将球根埋住即可。注意，培养土不要太厚。

5 把垂盆草从育苗杯中小心地取出。注意，不要伤到叶子。

6 用剪刀剪掉根球的下方，留下2~3cm厚即可。

7 把垂盆草摆放在培养土上面，调整角度，摆放平稳。

8 垂盆草和花盆之间可能有一些缝隙，用培养土将这些缝隙填满。

9 用浇水壶给整株植物浇水，直到底部的排水孔有水渗出。然后将花盆摆在通风、日照良好的场所。注意，不要将花盆摆在阴暗的场所，否则垂盆草会徒长。

番红花（藏红花）

Crocus sativus

科名 / 鸢尾科	原生地 / 地中海沿岸等地区
耐寒性 / 强	耐暑性 / 强
株高 /10~15cm	放置场所 / 向阳处

番红花的紫色花瓣色彩优雅，花朵中央的橙色雄蕊、红色雌蕊非常醒目。番红花喜爱排水性良好的土壤，种植在花盆里较易生长，但也可种植在庭院中。花盆最好摆放在日照良好的场所，土壤保持略微干燥，浇水不要太多。花期过后，叶子会开始旺盛生长。番红花的花朵中央的红色雌蕊，是一种名贵的香料，也可用来烹饪菜肴。

	生长						休眠				
1	2	3	4	5	6	7	8	9	10	11	12

种植　　开花

锡铁皮制成的容器，外表粗犷质朴，其内种植了1株番红花。如果容器底部没有排水孔，需要事先开一个孔。开花之前，球根本身也能起到装饰作用，所以可以种得浅一些，把可爱的球根露出来。

使用花草专用培养土
在小巧的容器中种植番红花

需要准备的物品

花草专用的培养土（已混合有肥料）、锡铁容器（直径为 6.5cm、高 7cm）3 个、铁锤、铁钉（比较粗的铁钉）、勺子、浇水壶

● **球根** 番红花的球根 3 个

操作步骤

1 使锡铁容器的底面向上，用铁锤、铁钉在底面开一个孔。孔径尽量大一些，以便让水顺利排出。

2 用勺子向锡铁容器内加入培养土，达到容器深度的 1/2 即可。另外 2 个容器也采用同样操作。

3 把番红花的球根摆在培养土上面，从侧面看，调整高度，以便能使球根有一半被埋在土里。

4 向球根四周添加培养土，让球根的一半埋在土里。另外 2 个容器也采用同样操作。

5 浇一些水，让培养土稍稍湿润即可。然后把锡铁容器，放在室内的窗边等光照良好的场所。表面的土壤干燥后，可以少量地浇一些水，不要让土壤太湿。

凭借球根一己之力，也能开花

番红花的球根，仅仅凭借自身的能量，也能开出花朵。无须土壤、无须浇水，只要把番红花的球根放在室内的托盘里，球根就能发芽、开花。

菜肴中的昂贵香辛料
——番红花

番红花（藏红花）是菜肴中的昂贵香辛料。番红花（藏红花）开花之后，将红色的雌蕊摘下，放在通风良好的半背阴场所晾干，就可加工成香辛料。红色雌蕊中的成分，溶解到水中会呈金黄色。

原种仙客来

Cyclamen hederifolium
Cyclamen coum

科名 / 报春花科	
原生地 / 从欧洲南部至中亚	
耐寒性 / 强	耐暑性 / 略弱
株高 /5～15cm	放置场所 / 半背阴处

原种仙客来之中，最具代表性的 2 个品种是常春藤叶仙客来、小花仙客来。常春藤叶仙客来在秋季开花，开花之后会长出精美的叶子。小花仙客来则是冬季至来年春季开花，秋季长出圆形的小叶子。这两类原种仙客来都喜爱半背阴的环境，除了在花盆中种植，也适合直接种植在庭院中。原种仙客来的寿命较长，如果它的块茎不断生长，最终可以形成一片小花丛。干燥管理。

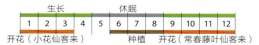

常春藤叶仙客来在秋季开花，花朵如同翩翩飞舞的小蝴蝶。开花之后，才会长出叶子。叶子的外形、颜色都很精美，但有个体差异。在排水性较好的土壤浅层种植，植株基部还铺了一些椰壳纤维，增添美感。

小花仙客来的花朵小巧可爱，不同种类的小花仙客来的花色也不同，包括紫红色、白色等。圆形或心形的叶子很精美，小巧的叶子有深绿色的、有带花纹的或全银色的。

小花仙客来的花朵大多集中在花盆的边沿。虽然喜爱略干燥的土壤，但小花仙客来块茎的表皮很薄，所以不要让土壤过于干燥，需要定期浇水。

密花花盏

Brunsvigia bosmaniae

科名 / 石蒜科	原生地 / 南非
耐寒性 / 略弱	耐暑性 / 略弱
株高 /50~70cm	
放置场所 / 向阳处至半背阴处	

原产于南非的球根植物之中，密花花盏是最著名的品种之一。到了秋季，密花花盏长出粗壮的花序，花序顶端集中绽放众多鲜艳的大花，整体外观魄力十足。花色主要以粉色为主，花瓣上有颜色的浓淡变化。花期过后，会长出深绿色的厚实叶子。密花花盏处于生长期的时候，需要充足的日照，且土壤干燥后请充分地浇水。叶子枯萎，植株进入休眠期后，停止浇水，夏季需要将花盆移到半背阴的场所。

生长					休眠						
1	2	3	4	5	6	7	8	9	10	11	12
					种植			开花			

粗壮的花序顶端，众多花朵争奇斗艳，引人注目。在南非的原野上会成片地绽放密花花盏，将大地染成绚丽的渐变粉色。

娜丽花

Nerine sarniensis

科名 / 石蒜科	原生地 / 南非
耐寒性 / 略弱	耐暑性 / 强
株高 /30~50cm	放置场所 / 向阳处

娜丽花在秋季绽放光彩夺目的娇艳花朵，因此它也被称作"钻石百合"。不同品种的娜丽花的花色不同，主要包括粉色、橙色、白色等。花期过后，娜丽花长出细长的深绿色叶子。娜丽花喜爱日照充足的环境，叶子枯萎进入休眠期后，停止浇水。到了秋季再重新开始浇水。冬季需要把花盆移到不结霜的场所，因为娜丽花比较怕冷。

生长					休眠						
1	2	3	4	5	6	7	8	9	10	11	12
							种植		开花		

同属的纳丽花是人气颇高的插花素材，纤细娇艳的花瓣魅力十足。

娜丽花"粉精灵"晶莹剔透的粉色花朵令人赏心悦目。将之种植在花盆里，选用排水性较好的土壤，保持土壤略微干燥。这里采用浅层种植方式，并在植株的根部覆盖了水苔，增添美感。

植物名称索引

后 记

季节更迭，球根植物茁壮生长，
带给世间千百种姿态和缤纷的色彩。

浇浇水，嫩芽生，
不知不觉间花蕾饱满、花朵绽放……
禁不住满心欢喜，对花朵轻声说"今年又见面了。"

希望通过本书，有更多的人与球根植物相识，
让丰富多彩的球根植物，为您增添鲜活的乐趣。
这是我最大的愿望。

竹田薫

[参考资料]

『簡単・毎年咲く！小さな球根を植えよう（NHK趣味の園芸ガーデニング21）』(NHK出版)
《简单·每年开花！种植小巧的球根植物（NHK 趣味园艺丛书 21 ）》（ NHK 出版）

『小さな球根で楽しむ　ナチュラルガーデニング』(井上まゆ美・家の光協会)
《小小球根乐趣多 自然园艺》（ 井上真由美·家之光协会 ）

『世界の原種系球根植物1000』(椎野昌宏、小森谷慧・誠文堂新光社)
《世界原种系球根植物 1000》（ 椎野昌宏、小森谷慧·诚文堂新光社 ）

『決定版 失敗しない球根花（今日から使えるシリーズ）』(講談社)
《终极版 从不失败的球根花卉（ 开卷实用丛书 ）》（ 讲谈社 ）

『BULBOUS PLANTS バルバス・プランツ -球根植物の愉しみ -』(松田行弘・パイインターナショナル)
《BULBOUS PLANTS 球根植物的乐趣》（ 松田行弘·PIE International ）

『これでうまくいく！よく育つ多肉植物BOOK』(靎岡秀明・主婦の友社)
《效果绝佳！易于种植的多肉植物 BOOK》（ 鹤冈秀明·主妇之友社 ）

きらめくバルバスプランツ
© KAORU TAKEDA 2020
插图：岩下纱季子
摄影：弘兼奈津子
图片协助：井上真由美、竹田薰、泽田美智子
Originally published in Japan by Shufunotomo Co., Ltd
Translation rights arranged with Shufunotomo Co., Ltd.
Through Shanghai To-Asia Culture Co., Ltd.

北京市版权局著作权合同登记　图字：01-2021-1962 号。

图书在版编目（CIP）数据

球根花卉栽培与装饰技巧 /（日）竹田薰著；张永译. — 北京：机械工业出版社，2023.6
（养花那点事儿）
ISBN 978-7-111-73039-2

Ⅰ. ①球…　Ⅱ. ①竹…　②张…　Ⅲ. ①球根花卉 – 观赏园艺　Ⅳ. ①S682.2

中国国家版本馆CIP数据核字（2023）第069480号

机械工业出版社（北京市百万庄大街22号　邮政编码100037）
策划编辑：于翠翠　　　　　　　责任编辑：于翠翠
责任校对：肖　琳　张　征　　责任印制：郜　敏
北京瑞禾彩色印刷有限公司印刷
2023年6月第1版第1次印刷
187mm×260mm・9印张・2插页・139千字
标准书号：ISBN 978-7-111-73039-2
定价：69.80元

电话服务　　　　　　　　　网络服务
客服电话：010-88361066　机 工 官 网：www.cmpbook.com
　　　　　010-88379833　机 工 官 博：weibo.com/cmp1952
　　　　　010-68326294　金 书 网：www.golden-book.com
封底无防伪标均为盗版　机工教育服务网：www.cmpedu.com